良知塾·精品教材

高手之路

Illustrator 系统教程

李 涛 ——主编

良知塾图书工作室 ——编著

人民邮电出版社

北 京

图书在版编目（CIP）数据

高手之路：illustrator系统教程 / 李涛主编；良
知塾图书工作室编著. -- 北京：人民邮电出版社，
2021.8
ISBN 978-7-115-55055-2

Ⅰ.①高… Ⅱ.①李… ②良… Ⅲ.①图形软件－教
材 Ⅳ.①TP391.412

中国版本图书馆CIP数据核字(2020)第203968号

内 容 提 要

    Adobe Illustrator 是一款广泛应用于出版、多媒体和在线图像领域的工业标准矢量插画软件，也是一款非常好用的矢量图处理工具。该软件应用范围广，是设计从业人员需要掌握的软件之一。另外，涉及简单线条图形处理的工作，Illustrator 也是常用的工具之一。

    本书从 Illustrator 的基础应用出发，化繁为简，为有志于从事插画、视觉、影视等设计相关工作的人员夯实基础，让读者能够快速满足岗位需求，提高工作效率，为读者的职业发展助力。

    本书适合多媒体和图形图像领域的行业从业者，以及图形图像和设计专业的学生学习参考。

◆ 主　　编　李　涛
　　编　　著　良知塾图书工作室
　　责任编辑　胡　岩
　　责任印制　陈　犇

◆ 人民邮电出版社出版发行　　北京市丰台区成寿寺路 11 号
　　邮编　100164　电子邮件　315@ptpress.com.cn
　　网址　https://www.ptpress.com.cn
　　天津图文方嘉印刷有限公司印刷

◆ 开本：690×970　1/16
　　印张：15　　　　　　　　　　2021 年 8 月第 1 版
　　字数：444 千字　　　　　　　2021 年 8 月天津第 1 次印刷

定价：99.00 元
读者服务热线：**(010)81055296**　印装质量热线：**(010)81055316**
反盗版热线：**(010)81055315**
广告经营许可证：京东市监广登字 20170147 号

Preface 前 言

适用版本

本书内容讲解所使用的软件版本为 Illustrator 2020，并适当向下兼容，即便使用 Illustrator 2019 等版本，也能够顺利进行学习。在进行不同版本软件差别较大的操作时，会有单独说明。确保读者不会因为软件版本的不同而导致学习受阻。

当然，使用 Illustrator 2018、2019、2020 这 3 个版本学习，用户的体验会更加流畅。

内容精练

Illustrator 是一款历史悠久、功能强大的矢量图设计软件，自 1987 年 Illustrator 1.1 版本发布至今，已经有 30 多年的历史。经过多年的积累，Illustrator 的功能非常全面，如果对所有功能逐一进行学习，困难是非常大的。

本书对 Illustrator 的复杂功能进行了梳理和提炼，选取了在学习平面设计时亟须掌握的知识点进行讲解，针对性较强，能帮助读者提高学习效率。

理论联系实操

本书内容注重理论结合实际，将众多的知识点融入案例当中。在学习过程中，读者可以边学原理边进行案例操作，这样可以降低学习的难度，增添学习的乐趣，最大限度地帮助读者快速精通 Illustrator，并做到学以致用。

附赠素材

为了方便读者学习和练习，本书附赠书中所有案例的素材图片，在学习过程中，读者可以下载图片进行练习，提高学习效率。

多媒体教学，最佳学习体验

本书读者可以在良知塾官方网站学习《illustrator 系统教程 基础篇》收费视频，305 分钟的视频针对 illustrator 软件功能分析与使用所录制的多媒体视频，与书中相应章节内容精确对应，全方位的视听学习可为读者带来绝佳的学习体验。

Contents 目 录

资源下载说明

　　本书附赠后期处理案例的相关文件，扫描"资源下载"二维码，关注我们的微信公众号，即可获得下载方式。资源下载过程中如有疑问，可通过在线客服或客服电话与我们联系。

客服邮箱：songyuanyuan@ptpress.com.cn

客服电话：010—81055293

扫一扫 学摄影

扫描二维码
下载本书配套资源

第 1 章
AI 基础入门

本章将全方位介绍 Adobe Illustrator（后文简称 AI）软件的入门知识，包括像素图与矢量图、打开与存储矢量图、设置 AI 界面、文档设置与编辑，以及画板与多画板文档。

"万事开头难"，只有掌握了入门知识，后续的学习过程才会更加轻松，才不会因为基础不牢而导致后续的学习陷入困境。

1.1 像素图与矢量图

本节介绍像素图与矢量图。

很多人肯定都用数码相机或者手机拍过照片，这种照片就是像素图。像素图是什么意思？如果把图片放大，会看到图片是由一个一个方块（像素）组成的，这种图就叫作像素图。我们平时接触到的绝大部分照片都是像素图。

那么矢量图又是什么？矢量图有什么优势？学习完本节课程之后，读者可以理解两种图形的概念，了解它们在不同场景里的应用。

本节知识点

◆ 像素图的概念与应用。

◆ 矢量图的概念与应用。

◆ 矢量图与像素图的区别。

像素图

下面的两张图从视觉上看是完全一致的，但其实左图是矢量图，右图是像素图。

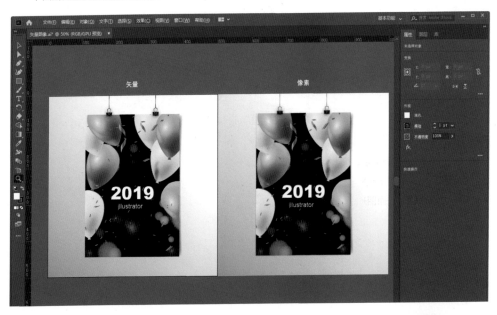

之前已经介绍过，像素图是由一个一个像素组成的，现在就来验证一下。

下面使用缩放工具放大图形。

单击工具栏的缩放工具，画面中的鼠标指针变成"+"号，再单击右侧图片将其放大。大幅度放大之后就能看见一些方块的像素了，这个就是平时常常见到的像素图。

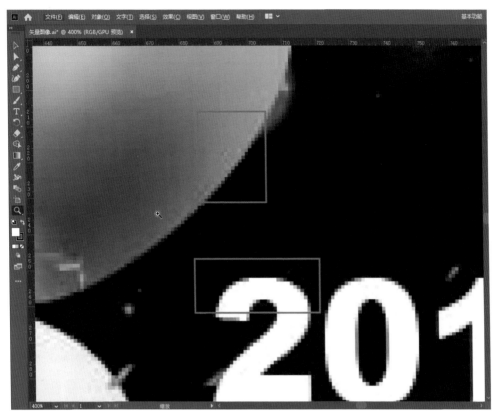

很明显，这种图形由一个一个像素组成，如果把它放大，例如这个地方本来只有10个像素，放大之后变成了20个像素。像素肯定不会平白无故地出现，它是通过计算得到的，这种计算会有一定的损失。

记住，这就是像素图的一个非常本质的概念：像素图是由像素组成，放大或缩小视图都会导致视觉效果发生较大变化。对像素图尺寸进行放大或缩小操作，对画面都会造成影响（当然，使用缩放工具进行放大或缩小的浏览则不会改变原图形）。

现在把图缩小，按住Alt键单击缩放工具，就会变成缩小工具，再单击图片就可以将其缩小。不停地单击可以持续缩小浏览视图，但这样操作非常麻烦，有什么方法可以一次性缩放回来？在实际工作中，按Ctrl+0组合键，能够迅速地让照片适配屏幕大小。

矢量图

现在来看之前打开的左侧图片，也就是矢量图。使用缩放工具单击图形将其放大，看一下与刚才的像素图有什么区别。放大同样的区域，可以看到矢量图与像素图有非常大的差别。矢量图有一个非常大的优势，在放大或缩小浏览的时候，不会出现像素块。

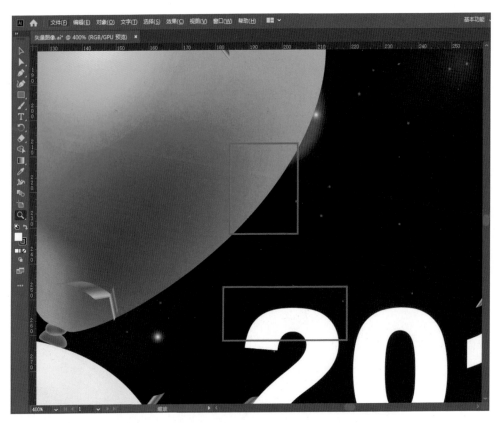

（矢量图：不管如何放大缩小，画面都不会有损失。）

现在来思考一下这样的矢量图有什么用途。例如最常见的，每家公司都有一个 Logo。这样的 Logo 通常不会用 Photoshop 或者其他处理像素图的软件来制作，因为这个 Logo 设计出来之后，除了要印在名片上，做广告推广时还可能会制作成很大的海报。如果是像素图，放大之后就会变得很模糊，所以平时做这样的 Logo 肯定是使用矢量图。这是矢量图最广泛的应用场景之一。另外，存储为矢量图格式的文件，相对像素图格式的文件文件大小会更小，这也是矢量图与像素图的一个重要区别。

TIPS

像素图放大缩小图像时，像素会有损失，而矢量图不管如何放大缩小图像都不会损失，并且存储为矢量格式的软件会比像素格式的文件要小一些。

参考线

观察下图，可以发现画面中有青色的横竖线条，这就是参考线。在后续的案例当中经常要使用这些参考线，它们可以帮助我们观察和标记图形边线。当然，也可以选择隐藏参考线。

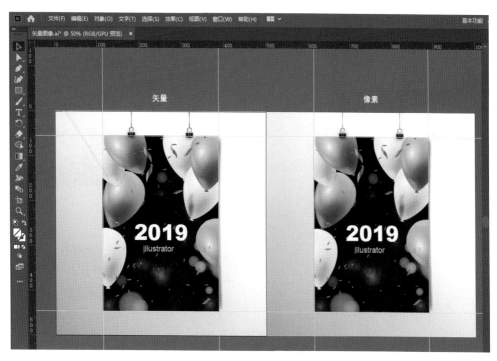

　　打开视图菜单，选择参考线子菜单，单击隐藏参考线命令，就可以将参考线隐藏起来。操作时如果需要对齐参考线，可以再将其显示出来。

使用参考线时，在画布上方和左侧有标尺，在标尺上按住鼠标左键并拖动，就可以将参考线拖出来。

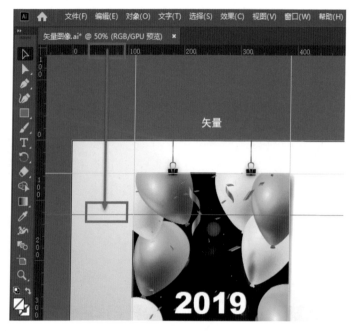

使用完参考线之后，还可以将其删除。单击参考线，参考线会高亮显示，再按 Delete 键，就可将其删除。也可以按住鼠标左键拉出选框，选中需要删除的参考线后松开，再按 Delete 键将其删除。

本节复习要点

本节学习了像素图与矢量图，介绍了矢量图的一些应用场景以及参考线的使用方法。

1. 像素图放大显示时会出现像素块，放大或缩小尺寸时会产生像素损失。

2. 矢量图不管如何放大、缩小，图像还是会保持原有的状态。

3. 存储矢量图文件会比存储像素图文件所需空间小一些。

1.2 打开与存储矢量图

本节介绍打开与存储矢量图的方法以及矢量图的相关应用。学习完本节内容后，读者就可以知道如何把矢量图应用到各种各样的场景中。

本节知识点

◆ 如何打开矢量图。

◆ 如何存储矢量图。

◆ 矢量图的应用。

TIPS

矢量图不能直接应用到网络上，所以经常需要将它导出为某种格式。

打开矢量图

首先介绍如何打开矢量图文件。在 AI 软件界面当中，单击左侧的打开按钮。

选择需要打开的 AI 格式的文件。

名称

📄 打开与存储.ai
📄 打开与存储.psd
📄 文档设置.ai

打开 AI 格式文件后，就可以看到如下画面。

如果感觉此时的视图显示大小不合适，需要放大或缩小，而使用上节介绍的缩放工具操作起来又比较慢，那还有什么更好的方法吗？答案是有的。可以使用 Ctrl++ 组合键与 Ctrl+- 组合键，这两种组合键分别代表了放大和缩小视图操作。

存储矢量图

打开文件非常简单，只需要一个命令；而文件的存储就要复杂一些。存储分为两种形式，第 1 种是存储为矢量格式；第 2 种是 EPS 格式（下面会详细介绍）。为什么要存储为矢量格式？因为文件可能下一次还需要编辑，如果导出成某一种像素图格式，等需要再次编辑文件时就没有办法了。

（存储为矢量格式的文件可以进行二次编辑，存储为像素格式就不可以对之前的文件进行编辑了，它已经变成了一块一块的像素了。）

如果要存储为矢量格式，打开文件菜单，单击存储为命令即可。

有两种比较常用的保存类型。

另一种应用比较多的格式是 EPS 格式，这种格式也支持矢量图，为什么要用这种格式？因为其他人的计算机上可能没有 AI 这个软件，想要他们也能打开矢量图，就可以使用 EPS 这种比较通用的格式。存储为 EPS 格式还有一个非常大的好处。假设使用 AI 软件设计了一款矢量插画，在与客户沟通稿子时，客户没有 AI 软件；或者设计完成后拿去印刷厂印刷，为避免版本不兼容，都会使用 EPS 格式存储。

（EPS 文件的好处就是它具有兼容性，如果客户没有 AI 软件，存储为 EPS 格式就是最好的选择之一。）

多场景应用

本小节介绍如何将矢量图应用到更多场景。

例如在网络上使用矢量图，经常会用到一种叫 SVG 的格式。在 AI 中是不是也能存储为 SVG 格式？答案是可以的。下面给读者演示。

打开文件菜单，选择导出子菜单，单击导出为命令。

保存类型中有 SVG 格式。如果需要在网络中使用矢量图，就可以存储为这种格式。

另外，这里还有一种 PSD 格式。在导出之前，需要给读者看一个面板，打开窗口菜单，单击图层命令打开图层面板。

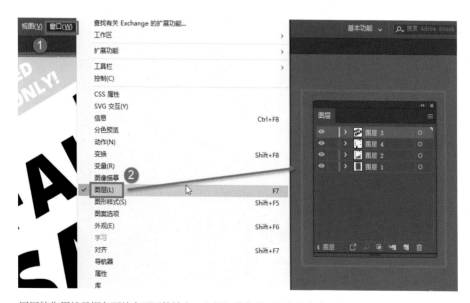

图层的作用就是把东西放在不同的地方，方便归纳整理。这个文件由 4 个图层构成。单击图层的"小眼睛"按钮，可以显示或隐藏图层，查看每个图层对应的内容。

打开文件菜单，选择导出子菜单，单击导出为命令，选择保存类型为 PSD 格式。

如果把图层导出为 PSD 格式，用 Photoshop 软件打开它，这个图层的结构是不是还在？如果在，那编辑是不是就更加方便？单击导出按钮，导出为 PSD 格式。弹出一个对话框，直接单击确定按钮。

打开文件夹，就会发现已经导出了一个 PSD 格式的文件。

在 Photoshop 中打开这个文件。

在 Photoshop 中打开图片之后，可以看到在图层面板上也有这些图层，而且它们的结构完全一样。因此，用 AI 和 Photoshop 这两个软件进行设计工作特别方便，它们的兼容性和互通性都非常好。

版本兼容性

使用 AI 在存储文件的时候，如选择保存为 AI 格式，可以选择保存的版本。考虑版本兼容性问题，可以选择保存为较低版本的文件。

如 C4D 三维软件，这个软件并不具备很强大的矢量图绘制功能，而 AI 软件很方便，如果要导出 AI 文件到 C4D 软件，那么要求存储为 Illustrator 8 版本，其他版本不具备兼容性。所以 AI 在存储时，可以导出各种各样的老版本，目的是更好地与其他第三方软件兼容。

（如果画完的矢量图需要导入 C4D 软件，只要保存为较低版本的 Illustrator 8，就可以兼容了。）

通用的 JPEG 格式是像素格式，因此需要导出文件为 JPEG 格式，而不是存储，因为存储的是矢量格式。

单击导出为命令，选择保存类型为 JPEG 就可以导出为 JPEG 格式。除了导出为 JPEG 这种非常常用的格式以外，其他比较小众的导出需求，可以在保存类型中查看，如 TGA 格式、TIF 格式等，选择并导出就可以了。

本节学习了打开与存储图像，也讲了一点视图放大缩小的操作。

本节复习要点

1.EPS 文件的好处就是它具有兼容性，如果客户没有 AI 软件，存储为 EPS 格式就是最好的选择。

2.如果画完的矢量图需要导入 C4D 软件，需要保存为低版本的 Illustrator 8，因为存在兼容问题。

1.3　设置 AI 界面

本节讲解如何设置 AI 界面。在掌握界面操作以后，所有的命令、面板都可以轻松找到，为后续的学习和工作奠定基础。

本节知识点

◆　界面的设置。

◆　视图的操控。

熟悉 AI 界面布局

现在这个界面就是在 AI 中常常见到的基本工作界面，与大部分软件的布局一样，上方是菜单栏，左侧是工具栏。

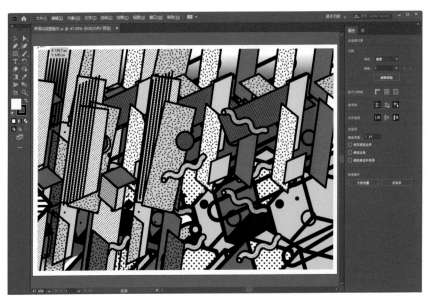

右侧是面板区域。如需要用到不同的工具、有不同的属性设定，属性面板会根据选择不同对象、不同工具而改变。

如选择矩形工具，在属性面板中就会有填色、描边、不透明度等选项，如果换了选择的工具，属性面板就改变了，不同工具有不同的属性设定。

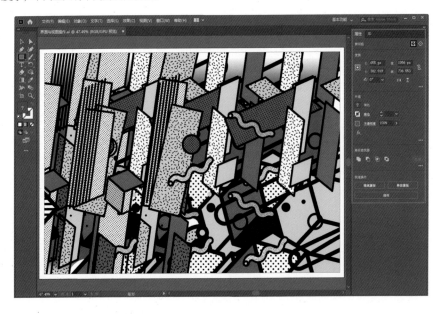

选择中间的图，会发现选择不同的对象，属性面板也会随之改变。在操作练习中，很多时候我们需要在属性面板上进行各种各样的编辑操作。

当打开一个面板后，例如打开图层面板，如果想把面板从面板组中独立出来，在面板名称上按住鼠标左键将其拖动到空白处即可，但这样的操作会导致面板所占的面积非常大。在面板窗口中单击右上方的双箭头按钮，可以收缩面板，仅用一个小图标加上文字展示。

配置与操控 AI 界面

希望读者一定要熟悉这些图标的展示方式。因为接下来用到的面板非常多，如果不熟悉，需要将其全部展开，那么所占的面积非常大，而缩小面板后，有些字也被压缩到很小，一个一个找就非常麻烦，这时就需要对图标非常熟悉才行。

如果把界面弄得乱七八糟，可以打开窗口菜单，选择工作区子菜单，单击重置基本功能命令进行复位。这样，界面无论多么混乱，都可以快速还原。

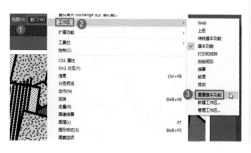

假如按 Ctrl++ 组合键把图片放到非常大后再想要整个图像在屏幕中显示，这时候如果用 Ctrl+- 组合键就会很麻烦。可以用一个非常方便的方法，按 Ctrl+0 组合键，画面就会以适应屏幕大小的范围显示。

但它并不是实际的大小，在文件的左上角写着 62.81%，意思是它按照百分比形式显示，适合屏幕只是以屏幕的尺寸显示整个画面，并不是实际的 100% 大小。

需要显示文件的实际大小，按 Ctrl+1 组合键，就会发现左上角变成 100% 了。另外，还有很多地方也可以进行控制，如左下角也有一个百分比列表，可以不用一次一次地使用 Ctrl++ 组合键得到放大比例，如需要放大 4 倍，就可以直接选择 400%。

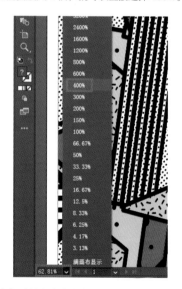

放大到现在这个程度，需要看画面不同地方，如果缩小再放大就太麻烦了。按住空格键，鼠标指针会变成抓手，可以移动视图到不同的区域。

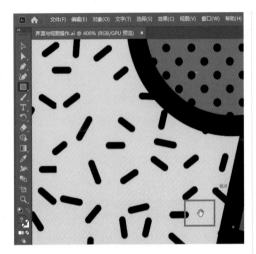

针对不同的功能需求，可以在窗口菜单的工作区设置中选择不同的工作区类型，打开满足需求的一些界面组合。

修改工作区时，只要打开窗口菜单，选择工作区子菜单，把鼠标指针放在上面就会出现许多不同的工作区类型。

还有一个局部缩放工具。找到工具栏的缩放工具，在需要局部缩放的地方，按住鼠标左键并拖动，就可以缩放局部位置。

如经常需要给绘制的图形上色，就选择上色的工作区。单击之后，就会看到右侧面板上与上色相关的功能组合全部罗列出来了，使用这些功能上色就非常方便了。

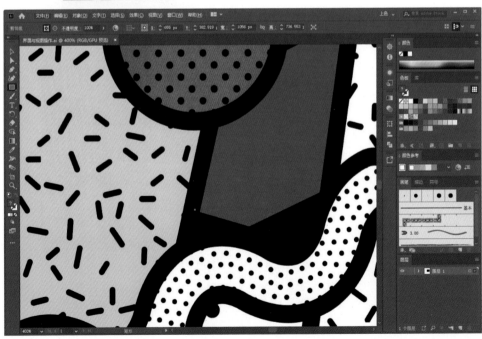

如果有一些个性化的设置需求，可以在窗口菜单的工作区子菜单中，单击新建工作区命令，把当前界面的工作区状态存储下来，当以后需要的时候，直接单击打开即可。

本节学习了整个界面的设置与视图操控方法。

本节复习要点

1. 修改工作区：打开窗口菜单，选择工作区子菜单，将鼠标指针放在上面会出现许多不同的工作区类型，根据需要进行选择。

2. 按住空格键配合鼠标操作可以快速移动视图。

3. Mac OS：按 Command++ 组合键放大视图；按 Command+- 组合键缩小视图。

4. Mac OS：按 Command+0 组合键让图像适合屏幕大小。

1.4 文档设置与编辑

本节介绍新建文档的设置与编辑方法。

本节知识点

◆ 文档的设置。

◆ 文档的编辑。

之前介绍了打开文件的操作，现在需要做一个项目，自己画插画。这时可以单击左侧的新建按钮。很多初学者在学习的时候不知道新建文档该如何设置，这里讲解一下相关参数。

打开 AI 后的默认界面如下所示，单击新建按钮，可以打开新建文档界面。

首先给文档命名。

接下来进行宽和高的设置，单位也可以根据需求更改，方向有横版和竖版，默认为横版。画板将会在下一节中详细介绍，在这里就不过多介绍了，这里画板设置默认为1。

出血与印刷有关，如果项目是印刷品，一次可能印刷成千上万册，印刷品的内容是在纸张的中间，不可能纸多大内容就多大，所以纸张边上就有白边需要用切刀切掉。设置出血线就是为了控制裁刀误差，出血值一般设置为3mm左右，这是印刷行业的标准值。

高级选项需要稍微了解一下。

不同的颜色模式对应不同的需求，例如拿去印刷，如果是RGB的颜色模式就不行。在设置文档时，一般有两种颜色模式：RGB颜色模式和CMYK颜色模式。只要记住，如果文档需要印刷，一定使用CMYK颜色模式，如果文档需要在网络和平板上展示，使用RGB颜色模式即可。

光栅效果选项中有分辨率设置，屏幕分辨率默认是72ppi，如果这个项目将来应用在网络上或者平板上，这个分辨率就足够保证图像的清晰度。如果选择颜色模式为CMYK颜色，项目准备印刷，一般来说，印刷品的分辨率需要达到300ppi。

其他的设置保留默认参数即可。

在新建文档窗口上方还有一排小按钮。如选择打印选项卡，再选择A4，系统就会自动设置好右侧的文档参数。

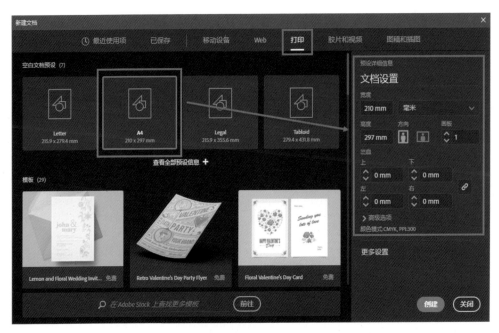

　　如果在网络上使用，则选择 Web 选项卡，网页分辨率一般选择 1920px × 1080px，然后会发现右侧的高级选项已经变成了 RGB 颜色模式和 72ppi 的屏幕分辨率。

　　刚才讲到的这些都是在编辑文档的默认设置的时候较为重要的一些参数。除了上述设置方法，也可以在选择了预设项目保证基本参数正确的情况下再去更改其他参数。例如选择 1920px × 1080px Web 项目，保证参数设置不会错，在这个基础上再去修改其他参数。如做网页上的 Banner，就不需要太高的高度，手动更改对应的参数，就可以自定义大小。

设置完成之后，确保没有问题，直接单击创建按钮。创建好之后，如果下次还需要编辑，可以先将其存储为默认的 AI 格式。

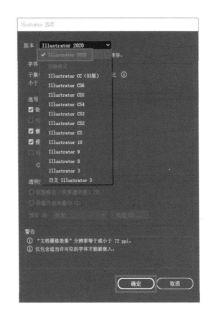

在弹出的这个对话框中，一般如果没有特殊需求，就选择保存为当前最高的版本，然后单击确定按钮。这样就把文档保存好了，下一次直接通过文件菜单打开命令打开，可以反复编辑该文档。

本节学习了文档的设置与编辑。做一个项目的时候很有可能需要制作多个页面，这时就可以通过设置画板来解决这个问题，下一节将会介绍画板的设置方法。

本节复习要点

1. 新建文档的方法。

2. 在新建文档界面右侧可以自定义宽、高，修改名字。

3. 出血的设置是为了避免裁刀误差导致的问题。

1.5 画板与多画板文档

本节讲解画板的设置与编排，学完本节内容以后，读者在编辑多画板的文档时就可以更加轻松自如了。

本节知识点

◆ 画板的设置。

◆ 画板的编排。

打开下图所示的文件，可以看到这个文件与之前打开的文件不大一样，它是由 4 个页面组成的。

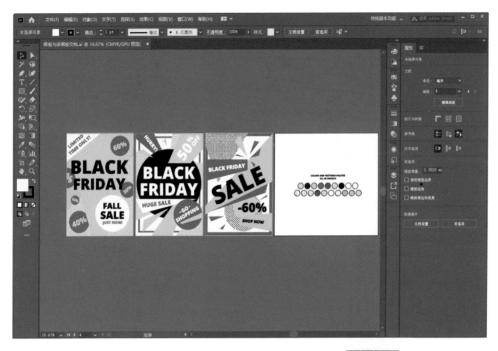

在工具栏中单击画板工具。

此时可以看到在每个图的左上角都显示了画板
编号。如果做一个三折页或者多页面的项目，画板
工具可以让每个页面都在同一个文件中显示。

创建画板

下面演示如何创建画板。

在工具栏中单击画板工具，然后在画面当中按住鼠标左键拖动，即可创建一个画板。

拖动完成后，松开鼠标左键即可完成画板的创建，可以在画板中添加广告、插画、页面等内容。

要删除画板，可直接选中画板然后按 Delete 键。

做多页面的项目时，为使页面大小保持一致，可以直接复制原有的画板。按住 Alt 键（Windows：Alt 键；Mac OS：Option 键）的同时用鼠标左键按住画板，并将其拖动到页面空白处，即可复制一个相同的画板。

在画板的外围有定界框，这个定界框的所有控制点都可拖动，拖动控制点可以改变画板大小。

可以把定界框拉小，但是这个操作不会改变图片大小，改变的只是画板的大小。

TIPS

需要注意的是，如果现在连接到打印机，单击文件菜单中的打印命令，画板以外的区域将不会被打印出来。

如果需要将整张图片都打印出来，则需要把整张图片调小，放到画板内，这样再打印，所有内容都会被打印出来。

画板排列方式

在这个案例中，画面中画板是横着排列的，但如果画板很多的时候也这样排列，页面就排列得很长，所以需要根据实际情况排列画板。

如果要设置一个工具的属性，有两个步骤，第一是找到相关的工具，第二是打开它的属性面板。找到画板工具，在属性面板中找到全部重新排列按钮。

单击全部重新排列按钮，弹出一个对话框。在这里可以设置画板的数量，包括版面的排列方式（例如"Z"字形排版），以及排版的列数等。

如设定为两列，文档就以下面这种形式排列。

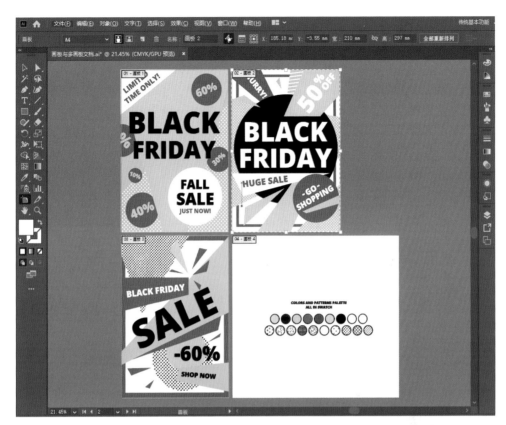

画板的内容就讲到这里，希望读者搞清楚一个概念，在这个案例中是 4 个画板合并成一个文档，与之前讲过的每次新建一个文档是完全一样的。一个文档里有 4 个画板，那么 4 个画板也可以像新建文档一样精确地控制大小吗？答案是肯定的。

设置画板尺寸

在画板工具的属性面板中，可以精确地设置宽和高。

更改画板的宽度和高度后，画板就会改变到相应的大小。

本节学习了画板的设置与编排。

本节复习要点

1. 在工具栏中单击画板工具，然后在画面中按住鼠标左键进行拖动即可创建画板。

2. 画板外围都有定界框，可以通过拖动控制点控制画板大小。

3. 超出画板范围的画面是打印不出来的。

4. 在工具栏中单击画板工具，找到属性面板单击全部重新排列按钮，在弹出的对话框中可以更改排版样式等参数。

第 2 章
绘制基本形状

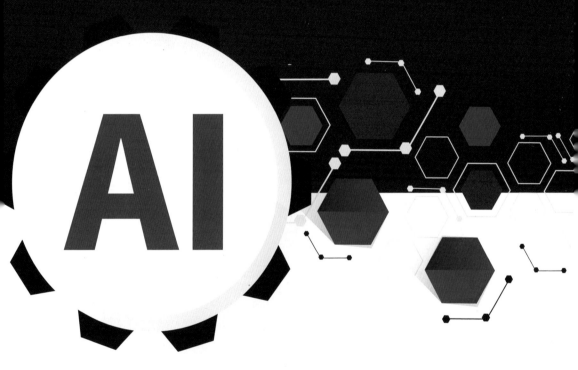

本章介绍绘制基本形状所需要的知识、所使用的工具，以及基本设置方法。具体包括圆角矩形、路径查找器、描边工具、选区颜色和钢笔工具等的使用技巧。

2.1 绘制基本几何图形

本节讲解基本几何图形的绘制方法，学完本节内容之后，读者就可以开始绘制一些基本的几何图形了。

本节知识点

◆ 基本几何图形的绘制方法。

◆ 属性面板的基本操作。

现在打开的画面就是由各种各样的基本几何图形构成的图标集合。

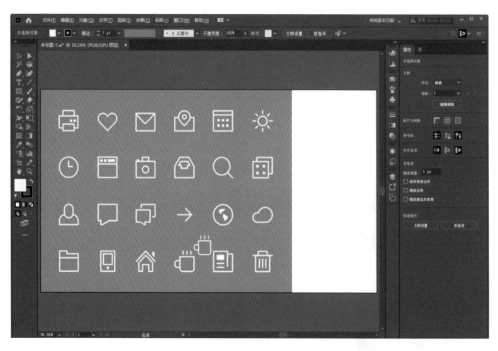

在这里选择一个比较简单的图标进行演示，例如选择这个相机作为参考。

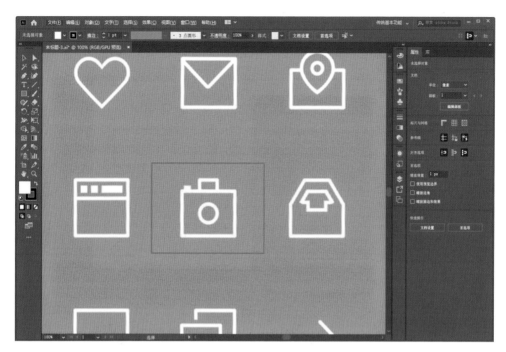

单击工具栏的矩形工具，在画面当中单击，单击之后会弹出一个对话框。

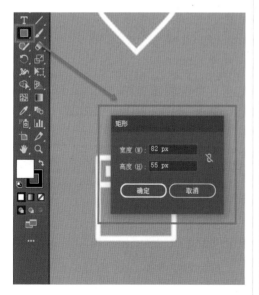

在这个对话框中可以设置矩形的宽和高，这样设置并没有问题，问题是这样设置对于矩形的具体大小是没有概念的，如知道82px是像素值，而对82px×55px有多大是没有概念的，所以不建议这

样创建矩形，而且这样操作也很慢。

建议按住鼠标左键拖动，根据自己的需求创建矩形。

总结起来，即使用矩形工具绘图时，按住鼠标左键拖动创建矩形，可以让读者对图形有更为直观的认识，在操作上更为方便。

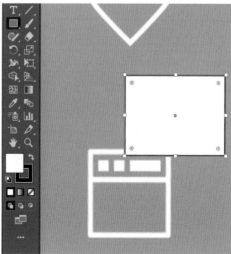

　　设置完矩形之后，单击选择工具，选中矩形，拖动外围定界框就可以修改矩形的大小，但这样的操作不精确。在矩形的属性面板中，可以精准地设置矩形的宽和高。例如设置宽为90px，高为60px，这样矩形就按照需求精确地调整好了。

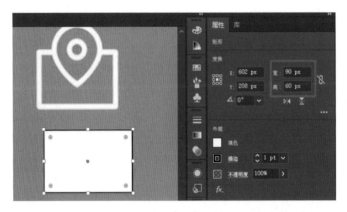

　　下面更改矩形的颜色。在矩形的属性面板中的外观的填色参数中，选择这个斜杠，矩形就被镂空了。

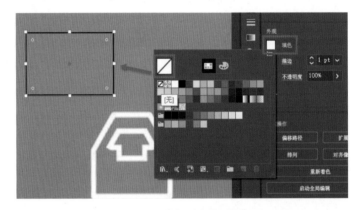

　　描边颜色可以更改为白色，边框的粗细也可以根据需要进行修改。

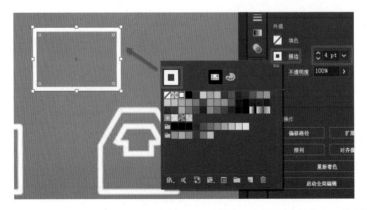

　　在这个矩形的上方还需要画一个宽度为其1/3的矩形，宽度也是在属性面板中设置，将原来的宽度除以3就得到新的矩形宽度。

然后使两个矩形对齐。选择两个矩形，在矩形面板中找到对齐，单击水平居中对齐按钮。在这里有个小技巧，线条画在哪里就是哪里对齐。

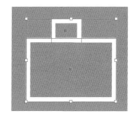

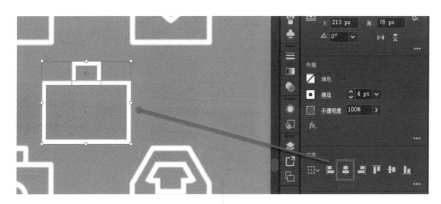

下一步绘制圆圈。找到矩形工具，右键单击，就可以展其他的一些工具。

单击椭圆工具，在画面中按住鼠标左键并拖动，就可以画出椭圆。那么如何画圆形？

按住 Shift 键，再按住鼠标左键并拖动，就能绘制一个标准的圆形。

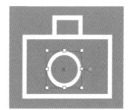

同样，现在也需要对齐。单击选择工具，把这些图形全部选中，还是在属性栏中，单击水平居中对齐按钮。

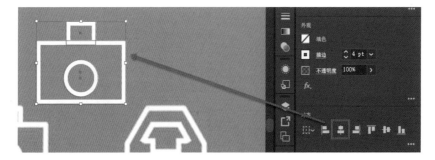

圆也存在上下方向的偏移，需要上下居中。选择大矩形和圆圈，单击垂直居中对齐按钮即可。但这里可能会产生一个问题，两个矩形同时进行上下居中，这时位移产生了偏差，上方的矩形就漏了出来。

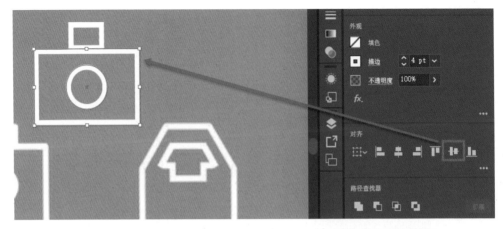

在这里介绍一个小技巧：如何让两个需要对齐的对象中的一个保持不动，让另一个进行对齐。当选择了两个对象以后，单击其中一个，被单击的对象外围框变粗，对齐的时候就不会移动。用这种方法让圆向大矩形垂直居中对齐，会发现小圆圈在对齐，而矩形没有移动。

TIPS

居中对齐小技巧：选择两个图形后，先单击不想移动的图形，再单击居中对齐按钮，另一个图形就会以它为基础对齐。

要调整上方的矩形的高度，可以直接上下拖动控制点，根据视觉进行调整即可。

在相机的左上方还有一个小方块，它是一个有填充但没有描边的方块。下面讲一个更快速操作这个小方块的方法。

先创建一个小方块，默认与之前的矩形一样，没有填充，描边为白色。现在的小方块是没有填充，描边为白色，把两者交换一下，填充变成白色，描边为透明即可。

选中这个小方块，在左侧工具栏单击互换填色和描边工具，它的组合键是Shift+X，这样就完成了。

本节讲了矩形、圆形的对齐、填色以及描边这些基本的属性。

本节复习要点

1. 使用矩形工具绘图的两种方法。

（1）直接单击画面，在弹出的设置面板中设置宽和高，再单击确定按钮。

（2）按住鼠标左键直接拖动绘制矩形。

2. 居中对齐小技巧：选择两个图形后单击不想移动的图形，图形外围框变粗，此时再进行对齐另一个图形就会以它为基础对齐。

直线与圆角矩形

本节讲解圆角矩形与线条等对象的编辑方法。

本节知识点

- ◆ 圆角矩形编辑方法。
- ◆ 选择工具与直接选择工具。
- ◆ 剪刀工具的使用方法。

画面中茶杯的图标不是由矩形和圆组成的。它比较特殊，不是纯粹的圆角矩形，上方是两个直角，下方是圆角。

如何解决这种问题？ AI 有非常便捷的方法。

首先绘制一个矩形。矩形的 4 个角上各有一个小圆点可以拖动。

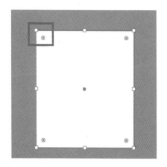

按住鼠标左键拖动，矩形的 4 个角就变成了圆角。

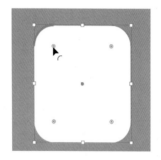

但是这样一拖动是将 4 个角都变成圆角，而本例的需求是下边的角变成圆角，上边的保持不变。如何控制只让某些角发生改变？在这里要介绍一个新的选择点的方法。

左侧工具栏中，在选择工具的旁边有一个直接选择工具。

单击这个工具，直接框选矩形下方的两个圆点，被选中的圆点是实心蓝色。

现在再拖动小圆点，就会发现只有选中的这些圆点才产生了圆角。

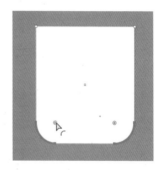

完成之后选择整个物体，把描边设置为白色，填充设置为透明，记得使用前面讲的互换填充与描边的命令，组合键为 Shift+X。再更改一下边框粗细。

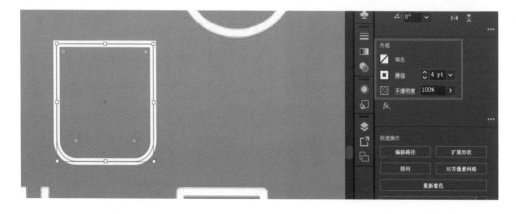

下面绘制茶杯的把手。这个把手同样是个矩形，同样通过拖动 4 个点进行倒圆角操作。

这里还遇到一个小问题，在把手贴近茶杯的地方应该是断开的，那么要如何断开？答案就是使用断开路径的方法。

在工具栏中，用鼠标右键单击橡皮擦工具图标，会展开其他工具，其中有一个剪刀工具。顾名思义，剪刀工具就是把物体剪断。

单击剪刀工具，为了对齐，先找到上面点单击，再找到下面的锚点单击，这个时候就已经剪断了。

使用选择工具选中需要被剪掉的那一段，然后按 Delete 键删除，就会看到茶杯的把手有了一个断口。

再看茶杯整体，会发现茶杯的把手太宽，这个物体是由若干个锚点构成的，使用小白（下面根据选择工具和直接选择工具图标的视觉特点，把这两个工具分别简称为"小黑"和"小白"）框选这些锚点，不选其他的锚点，然后按右箭头键，就可以改变它的形态。

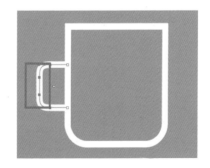

同样地，选择上方的锚点，也可以改变形态。小黑的作用是选中整个物体，并可以移动。反复地使用小白和小黑，直到效果满意为止。

再画最后的几条线，在工具栏中单击直线段工具。

按住鼠标左键并拖动就可以绘制出线段。拖动的同时按住 Shift 键，可以保证水平或者垂直绘制。

绘制完一条线段之后，按组合键 Ctrl+C 复制，再按组合键 Ctrl+V 粘贴。这样默认粘贴在画面中间的位置。平时多是这样操作的。还可以按住 Alt 键，用鼠标左键按住线段拖动复制，这是一个非常快捷的操作。采用以上操作将线段复制两条。

复制完之后，选择这 3 条线段，单击垂直居中对齐按钮。

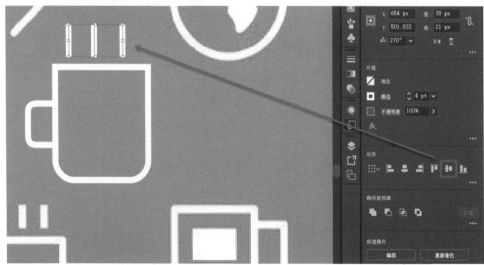

再进行线条和线条间的间距对齐。在对齐面板中，有一个更多选项，单击打开，找到水平居中分布按钮并单击，3 条线段就对齐了。

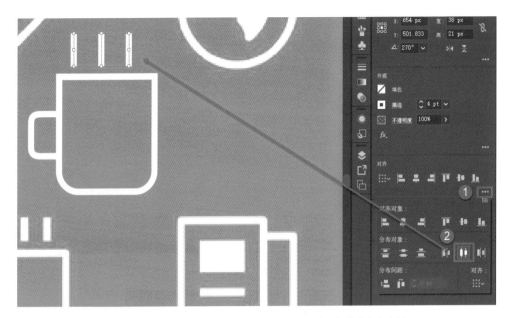

最后再选中3条线段，微调移动到合适的位置。这样，茶杯这个图标就完成了。

茶杯这个图标是由几个几何图形放置在一起生成的。有时，我们需要绘制更加复杂的图标，这个时候就需要使用新的命令和方法。

本节学习了圆角矩形和直线段工具的一些基本操作方法。

本节复习要点

1.选择工具方便调整图形整体，直接选择工具可以选点调节。

2.使用矩形工具绘制矩形后，拖动4个角上的圆点可以使直角变圆角。

3.在AI中使用Ctrl+C和Ctrl+V组合键复制粘贴会直接粘贴到画面中心，可以直接按住Alt键，使用鼠标左键拖动复制。

2.3 路径查找器（1）

本节介绍路径的布尔运算。

所谓布尔运算，听起来好像很复杂，其实非常简单，就是把多个标准的几何图形组合到一起，得到一个新的形状。学完本节内容以后，就可以制作各种各样更为复杂的形态和结构。

本节知识点

- ◆ 路径的布尔运算。
- ◆ 风格化投影。

下面的图标比之前的图标要稍微复杂一点，但其实就是多个图形的组合。

首先看这个云朵的图标，这种元素用得还是比较多。这个外形的上半部分都是圆弧，可以认为是由若干个圆构成，底部可以认为是一个圆角矩形。

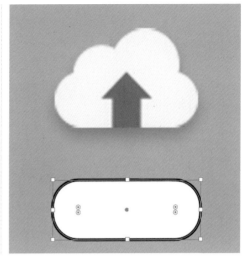

画一个圆角矩形。首先要画一个矩形，然后再改成圆角，通过小黑拖动形成圆角。

设置颜色，去掉描边。如果不满意白色，可以找到填色改变为其他的颜色。但是这些颜色都比较深，需要浅一点的颜色，如何选择原来云朵的颜色？可以使用工具栏中的吸管工具。单击吸管工具，在参考对象上单击，就可以将颜色应用到对应对象上。

使用椭圆工具，按住 Shift 键画几个圆形。有个小技巧，在绘制的时候按住空格键可以拖动绘制的对象，放置到需要的位置。再绘制一个更大一点的圆，同样按住 Shift 键绘制。绘制后，再移动圆的位置。

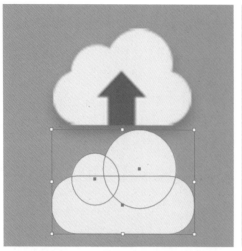

这样绘制完成之后，这 3 个物体是分散的。在这里通过一个运算让这 3 个物体变成一个对象。这个功能可以通过窗口菜单中的路径查找器命令实现，组合键是 Shift+Ctrl+F9。

单击路径查找器命令打开面板后，面板中有多个按钮。如第一个按钮是联集，鼠标指针停留在按钮上有相应的解释。先选中这 3 个物体，然后单击联集按钮。

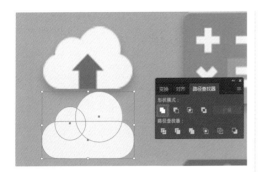

使用小白查看它的路径，发现已经变成了一个形状完整的物体了。

接下来画中间的箭头。需要画一个三角形。右键单击矩形工具，在工具列表中找到多边形工具。

单击多边形工具，在画面中任意位置单击，会弹出一个对话框，可以修改多边形的边数。

设置了边数之后，下次直接按住鼠标左键拖动

创建多边形会默认使用该边数。单击多边形工具，在画面中按住鼠标左键并拖动，按上下箭头键，可以改变边数。这样操作的好处是可以调整多边形的大小以及方向。如果想要图形的方向向上，可以按住Shift键。

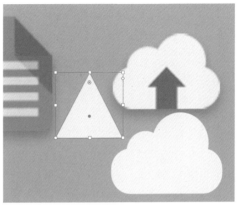

这样画出来的三角形是等边三角形，还需要调整一下三角形的高。使用小白可以单独控制对象的锚点，选择了一个锚点后，按下箭头键就可以进行调整。同样可以用吸管工具拾取参考物体的颜色来设置它的颜色。

这个箭头还需要一个矩形。先画一个矩形，然后再水平居中对齐三角形和矩形。这个矩形的宽度不够，需要拉宽。按住Alt键，拖动矩形的一条边，就可以同时拉动左右两条边。

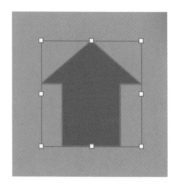

最后使用联集功能把这个三角形和矩形组成一整个对象。

将这个箭头放到云上，再使用垂直底对齐功能，将两者对齐。

现在这个箭头稍微有点大，需要缩小一些，使用小黑选中箭头，按住 Shift 键可以等比例缩小。

云朵还应该有一点投影的效果。选中云朵对象，打开效果菜单，选择风格化子菜单，单击投影命令，弹出投影对话框。

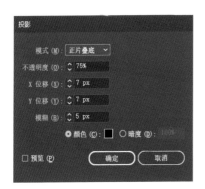

勾选预览复选框，再对投影的效果进行修改。x轴控制投影水平偏移，y轴控制上下偏移。这里不需要向右投影，就把x轴偏移设置为0，y轴的值太大，将其调小一点。投影不需要这么黑，降低一些透明度。

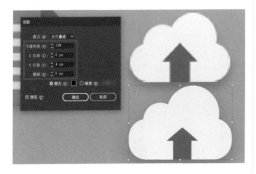

最后单击确定按钮，云朵图标就绘制完成了。

也许有读者会有疑问，先前把云朵的3个对象放在一起，从视觉上看已经有云朵的效果了，为什么还需要通过布尔运算把它们组合成一个对象？主要有以下两个原因。

（1）物体框选问题，如果不组合，在框选时比较麻烦，而且在框选多个对象时还可能会误选其他的对象。

（2）因为云朵需要添加投影，如果云朵不组合，在添加投影时，3个对象分别都会有投影效果。

本节复习要点

1.绘制多边形时，在画面中按住鼠标左键并拖动，按上下箭头键，可以改变边数。

2.风格化投影的设置方法。

3.路径查找器的用法。

2.4 路径查找器（2）

本节讲解路径查找器中布尔运算的更多运算法则。

本节知识点

◆ 路径查找器更多使用技巧。

◆ 自由变换工具的使用方法。

看一下下图中的齿轮图标，它看上去比之前绘制的云朵复杂一点，但其实也非常简单。现在介绍它是如何绘制的。

首先看齿轮的边，它不是一个矩形，而是梯形，因为它的边有斜边。形状工具中没有梯形工具，该如何绘制梯形？首先依旧画一个矩形，可以使用吸管工具同步颜色设置。

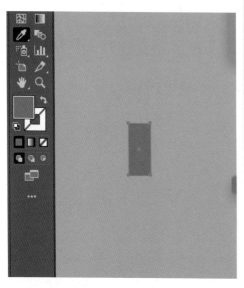

接下来需要用到自由变换工具。如果该工具未在工具栏中，那就打开更多工具，找到它，并将其拖动到工具栏中可见位置。

自由变换工具的操作比较特殊。使用这个工具时，先选择一个角点，按住鼠标左键不要松开，然后按 Ctrl+Alt+Shift 组合键，再拖动角点，矩形的两边就变倾斜了，成为梯形。

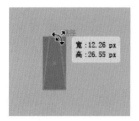 

再看一下齿轮的结构，梯形需要旋转复制一圈。鼠标指针靠近物体的周边时，出现了拐弯的图标，此时按住鼠标左键拖动就可以旋转物体。但是旋转的轴心在默认的中心，需要改变旋转轴心。

在工具栏中单击旋转工具。

按住 Alt 键，单击梯形底部的某个位置，这个位置就是要定义的旋转中心。单击后，会弹出一个设置旋转角度的对话框。

假设设置旋转角度为45°，不要单击确定按钮。如果单击了，就只是把这个图形旋转而不会复制，在这里需要单击复制按钮。

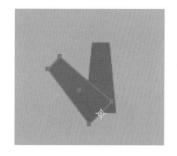

下面把刚才的操作再来一遍。如果要旋转10°，转一圈就需要36个，这样操作非常麻烦。有个快捷的操作方法，打开对象菜单，选择变换子菜单，单击再次变换命令，组合键是Ctrl+D，可以重复（复制）上一步的操作。

这个命令可以保留一模一样的属性，包括轴心点和旋转的角度。再执行一次命令，组合键是Ctrl+D。

这样齿轮的外围就制作完成了，这些还是分散的一个一个的梯形，需要通过联集把它们变成一个整体。全部框选梯形后，单击联集按钮把它们组合到一起。

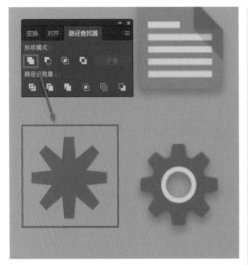

在齿轮的中间还有一个圆圈，所以下一步需要绘制圆圈。这时候需要对齐中心点，需要通过参考线找到中心点。打开视图菜单，选择标尺子菜单，单击显示标尺命令。从上方的标尺拖出一条水平的参考线通过物体的中心，在左侧拖出一条垂直的参考线也通过物体的中心。接下来再使用椭圆工具绘制圆形。

如果直接按住鼠标左键并拖动绘制椭圆，那么椭圆就会从一边画到另一边，而需要的是从椭圆中心往外绘制，按住 Alt 键就可以实现这样的效果，同时再按住 Shift 键保证绘制出来的是圆形。画完之后依然使用吸管工具设定需要的颜色。

在齿轮中心还需要一个圆，因此可以直接复制刚才绘制的圆形，按 Ctrl+C 组合键复制。然后把圆形与齿轮状的物体做联集，就得到了如下的图形效果。

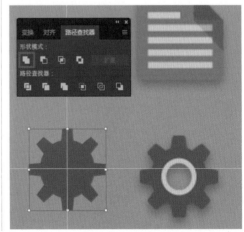

注意不要使用粘贴命令，因为粘贴出来的圆形会出现在画面的中间。打开编辑菜单，单击贴在前面命令，这样会粘贴在刚才的位置上。

按住 Alt 键和 Shift 键，将这个圆形缩小。同样使用吸管设置颜色，但这个颜色是填充颜色，按Shift+X 组合键交换填充和描边颜色，再加粗边框宽度。

接下来要镂空齿轮的中心。之前都在使用联集做加法，在这里使用路径查找器的减去顶层做减法。先复制一个小圆形，然后框选齿轮和小圆形，单击减去顶层按钮。

接着使用粘贴在前命令，把刚才复制的小圆形粘贴回来。

最后添加阴影效果，参数与先前的保持一致。这样齿轮图标就完成了。

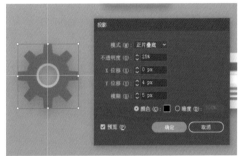

除了联集和减去顶层，路径查找器面板上还有很多按钮，读者可以自己绘制一些图形去尝试使用这些命令。

现在做一个简单的演示。例如要做一个计算器图标。首先画一个矩形，然后倒圆角。再各拉出一条水平和垂直的参考线，找到矩形的中心点。

需要在矩形的右下角专门分出一块，设置为不同的颜色，这就需要得到一个交集。在操作的时候圆角矩形需要保留一份，所以先按 Ctrl+C 组合键复制，再用矩形工具绘制大概占原矩形 1/4 大小的形状，然后选择这两个矩形做交集。

但是会遇到一个问题，这也是初学者经常犯的错误，那就是在框选的时候把参考线也选中了。这里有一个小技巧，在视图菜单中，选择参考线子菜单，单击锁定参考线命令。把参考线锁定之后，参考线就选不中，也就不能参与操作了。

现在再做一次交集，就得到一小块的矩形，然后设定矩形的颜色。

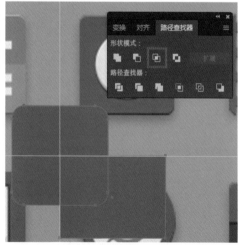

做完交集之后，只有两个对象相交的部分才保留了下来，原来的大矩形就被去掉了，所以在做交集前复制了一份。使用贴在前面命令，粘贴之后大的矩形把小矩形遮挡住了，打开对象菜单的排列子菜单，单击后移一层命令，把大矩形往后移一层。

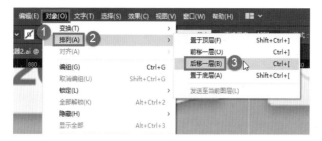

这样就制作完成了。

本节讲解了路径查找器中更多的布尔运算按钮的使用方法。

本节复习要点

1. 自由变换工具：选择控制点，按住 Shift+Command+Option 组合键（Mac OS），或 Shift+Ctrl+Alt 组合键（Windows）进行拖动。

2. 打开对象菜单的变换子菜单，单击再次变换命令，也可以按 Command+D 组合键（Mac OS）或 Ctrl+D 组合键（Windows），可以重复（复制）上一步的操作。

2.5 描边工具

本节讲解路径描边的方法，还有变换命令如何让物体产生透视的形变。

本节知识点

◆ 路径描边的方法。

下图中是一条公路的形状。如何画这条公路？看起来很复杂，但其实很简单，用几根线条重复叠在一起就能得到这样的效果，只不过是把描边的属性改了一下。

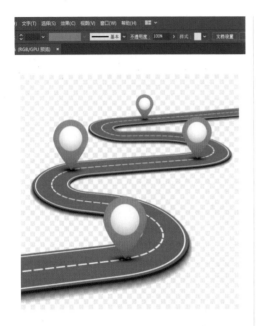

画一条曲线路径，把这条路径的描边调成比较粗的样式。白色线条的部分采用复制路径，把描边调得稍微细一点，颜色选择白色。中间虚线部分再复制一次路径，描边调整得细一点，再勾选虚线即可。

下面进行绘制。首先画出线条。如果不需要特别精准地画出一条线的时候，可以直接使用铅笔工具。右键单击 Shaper 工具可以找到铅笔工具。

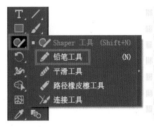

单击铅笔工具，画出一条曲线。如果对画出的线条不满意，可以沿着边再画一遍，铅笔工具可以自动修改路径线条。

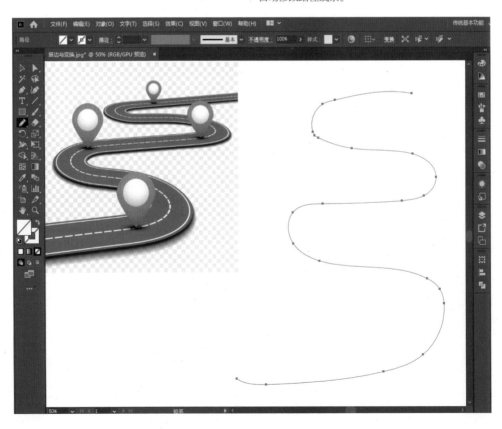

如这条线的弧度不太好看，就沿着这条边再画一下。

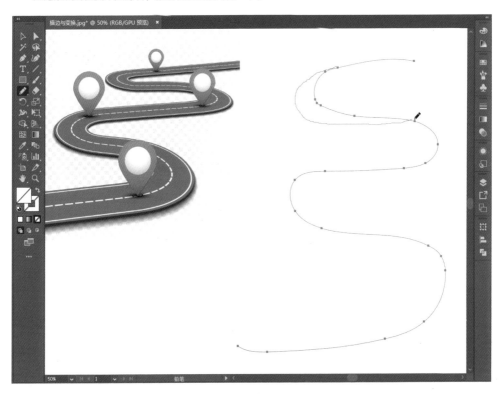

画好之后，使用小黑选中线条，更改线条描边的粗细。

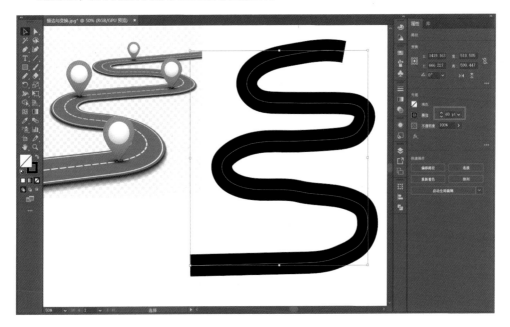

再改变颜色为马路的灰色，单击吸管工具，吸取马路颜色并填充。

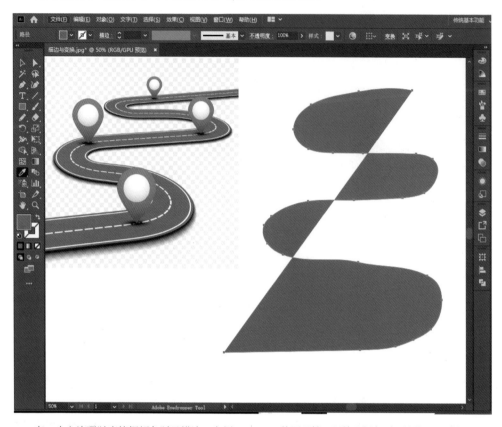

有一个方法可以直接把颜色赋予描边。左侧工具栏中，填色工具的方块在上面，描边工具的方块在下面，单击后，把描边工具的方块移到上方。

使用吸管工具拾取颜色时要按住 Shift 键吸取颜色，这样就会改变描边的颜色（否则是改变填充颜色）。然后将描边宽度加大，例如加大到 60pt。

使用吸管工具时，按住 Shift 键，只吸取颜色，不吸取属性。

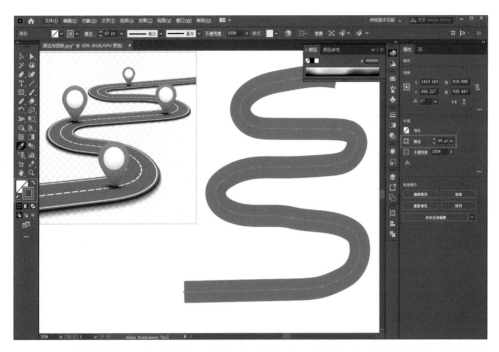

下面绘制白色的边缘。根据刚才讲的，直接把路径复制一条，再贴在前面。贴在前面之后，更改描边宽度为56pt，可以得到更细一点的路径，再更改描边颜色为白色。

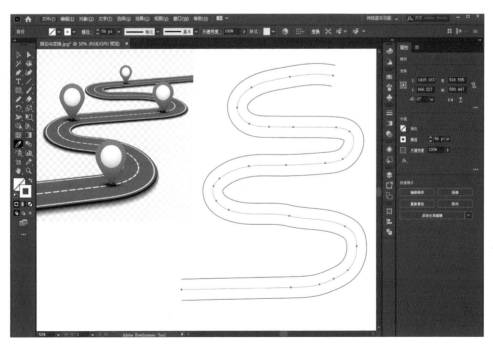

再次复制粘贴一条路径，贴在前面。更改线条描边的粗细，改为50pt。这样就空出白色的边缘线了。

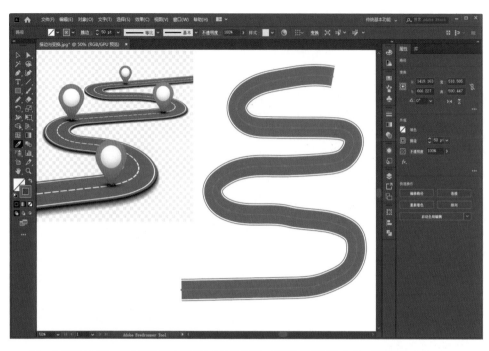

下一步绘制中间线。仍旧选择贴在前面命令粘贴路径。把描边颜色改为白色，粗细改为4pt。

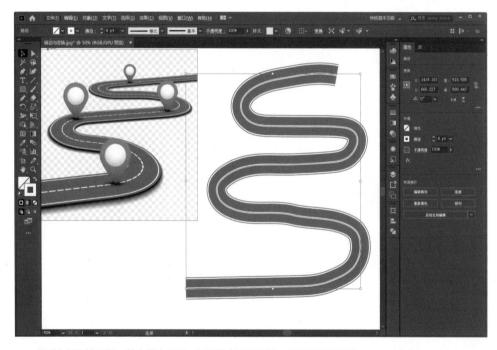

找到右侧属性面板，单击描边工具，打开描边设置面板，勾选虚线复选框。

（属性面板单击描边工具，弹出面板勾选虚线复选框，描边会以虚线呈现。）

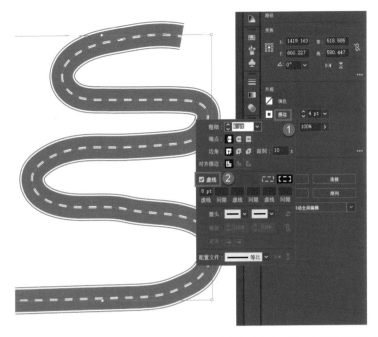

这个虚线比较稀疏，需要调整紧密一些。在面板中设置虚线的参数值。第一个是指虚线的长度，第二个是虚线间的间隙，如果没有输入间隙的参数值，就默认保持间隙宽度与虚线长度一致。例如在这里不输入，那么间隙就是8pt。需要紧密一些的虚线，就输入小一点的数值，如6pt。这样虚线就比较紧密了。以此类推，就可以设置其他公路的形态。

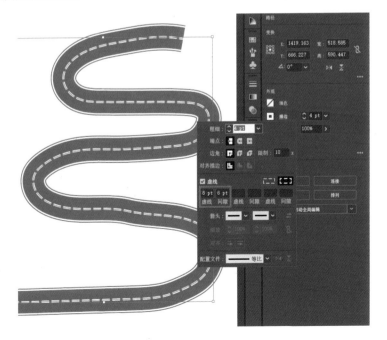

接下来给公路加上投影。

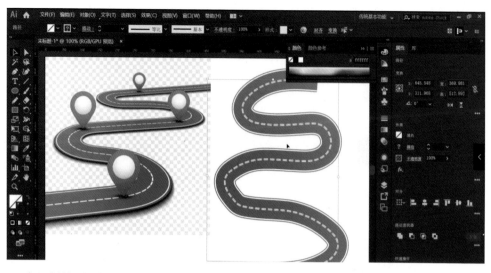

　　如果直接框选线条加投影那是错误的做法，在这里有好几条线，直接加投影就会导致每一条线（包括虚线）都有投影。如何选中需要添加投影效果的线条？可以使用图层面板，选中需要的对象。打开窗口菜单，单击图层命令，打开图层面板，快捷键为 F7。

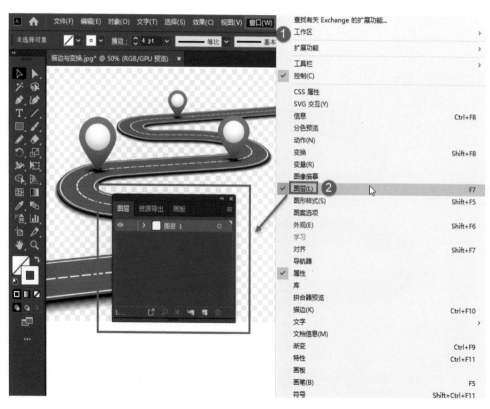

打开图层 1，会看到所有的对象都在这里。拉一个框选中公路，面板中图层 1 中的路径后面都有小蓝点，表示这里选中了 4 个对象。

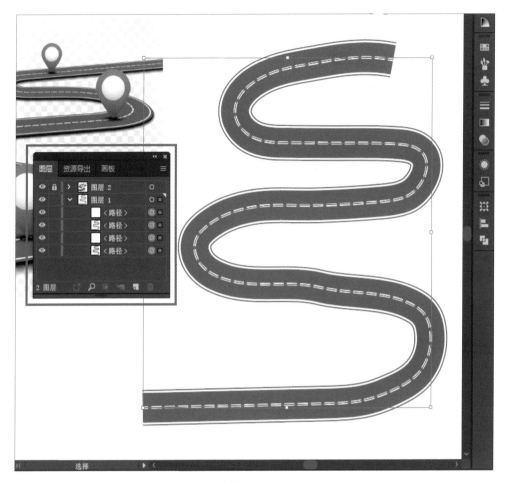

若要选中某个对象，就单击这个对象后面的小圆圈即可。

然后给公路添加投影。

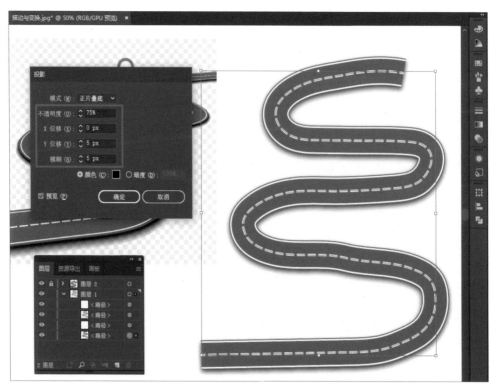

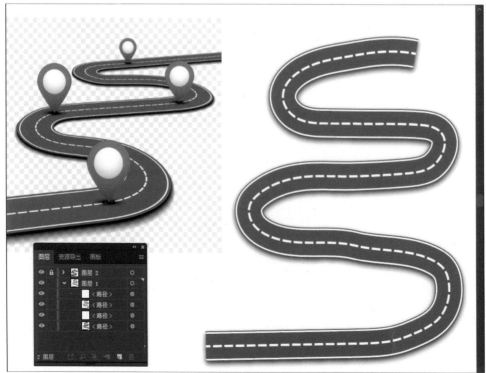

　　最后再做近大远小的透视变换，可以用之前讲到的命令，下面进行演示。把路径全部选中，找到自由变换工具，选择角点，按住鼠标左键和 Ctrl+Alt+Shift 组合键拖动。可以看到对象是由细细的路径构成，所看到的比较粗的马路面其实只是把路径加粗的效果。

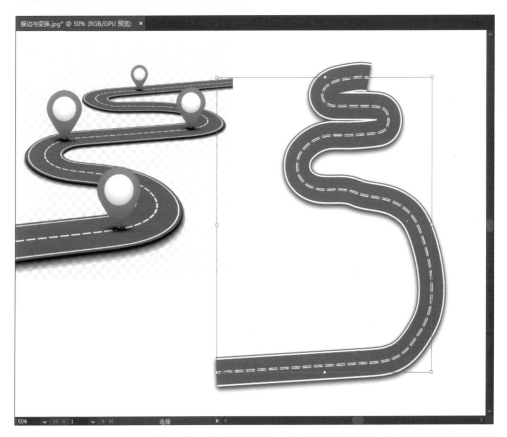

　　一松手，就会变成这样，不能得到想要的透视变换效果。如何解决这个问题？需要把这个比较粗的路径进行扩展，变成路径的面，才能得到面的透视变换效果，这个内容将在之后的学习中详细介绍。

　　本节就学习到这里。下节将会教读者如何自己设置颜色，不仅要会使用吸管工具吸取颜色，还要会手动调出一些颜色。

本节复习要点

　　1.使用吸管工具时，按住 Shift 键吸取颜色，可以只吸取颜色，不吸取属性。

　　2.在属性面板中单击描边工具，在弹出面板中勾选虚线复选框，描边会以虚线的形式呈现。

2.6 选取颜色

在绘画设计当中会用到各种各样的颜色，之前只教了读者使用吸管拾取，那是因为有参考的对象，如果需要自己创作一幅插画，这个时候颜色该如何设定？本节讲解如何选取颜色。

本节知识点

◆ 色彩的构成。

◆ 颜色模式类别。

在这个画面中使用多边形工具画一个三角形。

三角形创建完以后是默认的白色填充，黑色描边。而这个图片中的几何图形中都没有描边，所以需要把描边去掉。

下一步设定颜色。单击画面右侧颜色色块时会弹出一个颜色面板，如果没有弹出该面板，就打开窗口菜单，单击颜色命令，打开颜色面板，组合键是 F6。

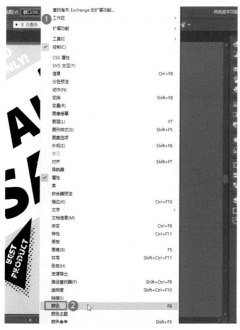

接下来要自己设定颜色，有以下几个方法。

方法一，双击填充颜色色块，会弹出拾色器。在这里可以选择喜欢的颜色，选择完毕后单击确定按钮即可。

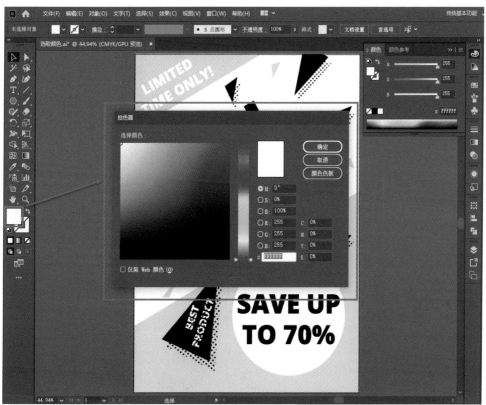

方法二，可以直接在颜色面板上拾取需要的各种各样的彩色。

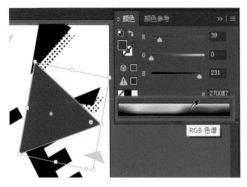

这些方法都比较直观，看到什么颜色，选取什么颜色。那如何得到混合颜色？

在颜色面板上有 RGB 参数值，代表通过 3 个原色光的混合得到最终想要的结果。（RGB 颜色模式是通过 3 种原色光混合得到想要的颜色。）

例如现在红色、绿色、蓝色的参数值都是 0，就是都不发光，即黑色。

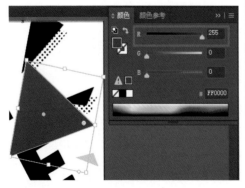

把红色参数值调到最大，绿和蓝参数值都为 0，这个时候看见的就是红色。这跟画水彩画是一样的，需要混合各种颜色。

把红色参数值调到最大，再把绿色参数值调到最大，看到的不是绿色，而是混合在一起的颜色，黄色。

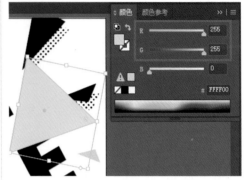

想知道两种颜色混合后是什么颜色，可以通过颜色面板中的色条来判断。例如，红色和绿色中间为黄色，因此这两种颜色混合后是黄色；绿色和蓝色中间是青色，所以蓝绿混合后是青色。这就是最基本的色彩构成原理。

如果 3 个颜色的参数值都调到最大，三个色彩都混合到一起，就会得到白色。

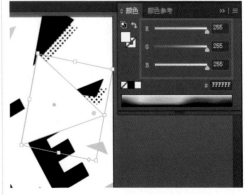

平时设置颜色不是用 RGB 参数值进行设置，因为这需要对色彩混合有很深的理解，平时使用的是 HSB。可以在颜色面板的右上角单击扩展菜单按钮，其中有不少颜色模式，如灰度、RGB、HSB 和 CMYK 等。

CMYK 是印刷四色（C 青、M 品红、Y 黄、K 黑）。如果要得到青色，就把青色的参数值调大。再调大品红的参数值，就会得到蓝色。CMYK 与 RGB 一样需要对色彩混合有较深的理解，如果想要通过调整参数值来得到湖蓝色、粉红色，都不太容易操作。

下面用 HSB 来设置颜色。

HSB 代表色相（Hue）、饱和度（Saturation）、

亮度（Brightness）。人眼看一个颜色一定会区别是什么颜色，是绿色、红色还是蓝色，这就是色相。这个红色是鲜艳的红色还是浅红色，这就是饱和度。这个红色是亮红还是暗红，这就是亮度。所以使用这种颜色模式设定颜色是最方便的。

现在来设置咖啡色。咖啡色是一个暗一点的红色，再稍微偏黄一点。首先把色相调到红色，再稍微往黄色、橙色偏一点。

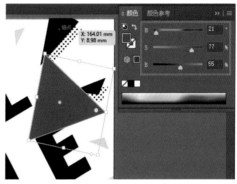

通过调节 3 个参数色相、饱和度、亮度就可以最终得到想要的颜色。

如果在印刷厂工作，那么对 CMYK 颜色模式会非常熟悉；如果经常在 PS 里进行各种颜色的设置，那么对 RGB 颜色模式也会非常熟悉。但是对于不具备这些条件的读者来说，使用 HSB 颜色模式就能够非常方便地设置颜色。

本节复习要点

1. RGB 颜色模式通过 3 种原色光混合得到想要的颜色。

2. CMYK 代表印刷四色，C 青、M 品红、Y 黄、K 黑。

3. HSB 代表色相（Hue）、饱和度（Saturation）、亮度（Brightness）。

2.7 钢笔绘图（1）

之前学习的都是一些基本几何图形的绘制方法，例如用铅笔工具绘制一些随意的线条。如果需要画一个角色，就需要很精准地绘制，不可能全部用方块、三角形，也不可能用铅笔工具随手画，所以本节讲解如何用钢笔工具来精准地创建图形。

钢笔工具是最重要的绘图工具之一，因为它可以精准地把想要绘制的图形表达出来。

本节知识点

◆ 钢笔工具的基本操作。

◆ 镜像工具的使用方法。

下图中的动物图标，不可能用矩形、椭圆等基本几何图形堆在一起实现。

同样地，使用铅笔工具任意绘制线条也不方便，因为铅笔工具绘图不标准，画出来的线条弯弯曲曲的。这个时候就需要用到钢笔工具了，因为钢笔工具能够做到非常精准地绘制。

选择狐狸图标进行绘制，需要从它的脑袋开始，一块一块地进行绘制。脑袋这个形状怎么画？

首先单击工具栏中的钢笔工具。在画面中任意位置单击后出现一个点，称为"锚点"。再单击一次，就可以绘制出一条直线。再次单击后不要马上松开鼠标左键，按住鼠标左键并拖动，就会产生一条曲线。新出来的这条线段叫控制柄，上边的端点就是控制点。然后在狐狸脸部腮帮的地方单击，这个时候脑袋的曲线形状就出来了。

再往下巴这边画，这里有一个紫色的提示表示跟上面的点对齐。按住鼠标左键并向右拖动。

这样，腮帮子的形态就画好了。闭合不闭合路径都可以，如果直接闭合了是下图这个样子，因为有控制柄控制曲线的形态。如果要闭合路径的话，将钢笔工具靠近锚点，会出现小尖头，单击锚点可以删除多余的控制柄。

然后再回到起点单击，闭合路径。

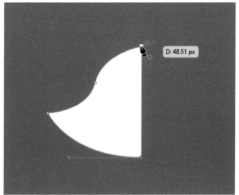

这个脑袋还不太好看，如何调节？可以使用小白。使用小白可以选择锚点并拖动，改变它的形态。

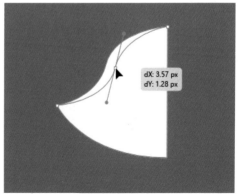

还可以用小白拖动控制点，改变曲线的形态。颜色直接用吸管工具拾取参考颜色即可。

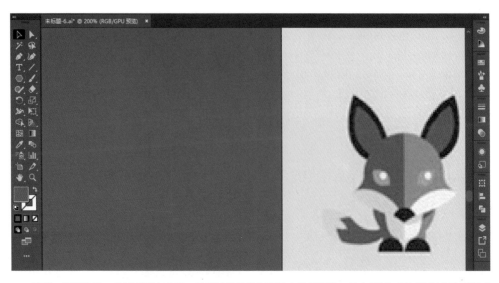

这样，狐狸脸的一半就已经完成了。后面其他的动物图标也使用钢笔工具来绘制，通过绘制曲线形得到想要的图形。

画完这半张脸之后，再画其他部位。

腮帮一看就是一个交集，画一个图形与这个图形相交就可以了。单击钢笔工具，从外边开始画，单击确定一个点，到腮帮单击一下，再到下巴位置按住鼠标左键并拖动，得到一个腮帮的形状。

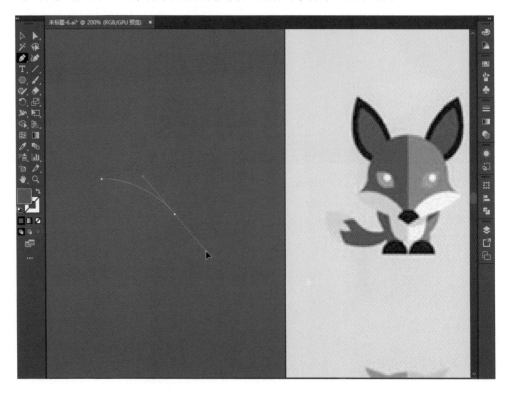

再回到外边，单击任意位置，闭合路径。闭合路径之后，选择这两个图形做一个交集。这样就可以获得相交的地方了。

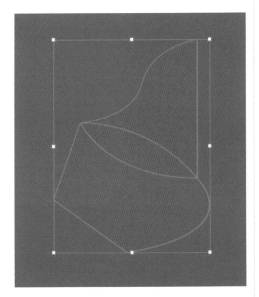

但是一旦进行交集运算，这两个图形外围的其他地方就会被去掉。这个脸的图形需要保留，所以先选中脸将其复制一个，然后选中两个图形，在路径查找器面板中单击交集按钮。

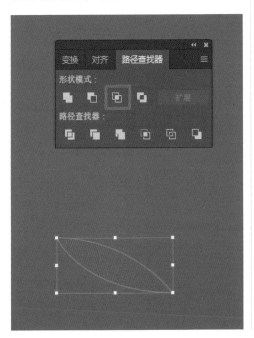

这样相交的地方就被保留下来了。然后单击吸管工具，拾取腮帮的颜色。再把脸粘贴回来，贴在前面。这时腮帮被挡住了，按照之前讲过排列次序的方法，把脸往后移一层。

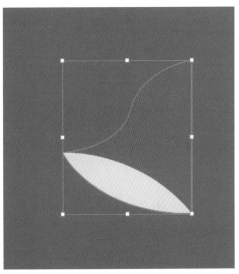

这样，脸和腮帮都有了。眼睛也是用类似的方法。单击椭圆工具，画一个椭圆。然后单击小黑，按住Alt键和鼠标左键移动。大概得到下图所示的效果，两个椭圆有一个相交的地方，就是眼睛的形态。

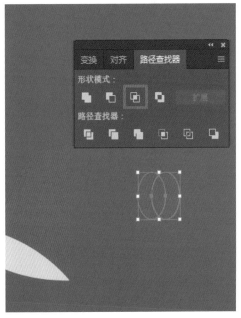

选中两个椭圆，单击交集按钮就能得到眼睛。然后用吸管工具拾取需要的颜色。宽度还要再调大一点。将鼠标指针靠近角点，出现旋转图标，转动。眼睛稍微有点大，按住 Shift 键和鼠标左键将其等比例缩小，再移动到合适的位置。

眼睛里再画一个白色的小圆，作为眼球。单击椭圆工具，按住 Shift 键和鼠标左键画一个小圆，然后用吸管工具拾取白色进行填色，最后再移动到需要的位置。

画到这里，利用了钢笔工具、路径查找器的交集命令、旋转操作，还利用了缩放功能。

可以直接做镜像得到右半部分脸，但现在还不需要，因为还有部分（如耳朵）没有绘制完成，等其他部分画完之后再进行镜像，就不需要重复画了。

下面绘制耳朵。画的时候直接从里边开始，因为耳朵是从脑袋上长出来的。单击确定第一个点，在选第二个点的时候注意不要松开鼠标左键，拖动产生一条曲线。

再画下一点的时候，注意耳朵尖需要尖头的效果。用钢笔工具靠近这个锚点，出现尖头的时候单击，把多余的控制柄去掉。

后面的尖头由后面的锚点控制。

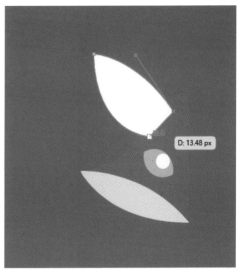

找到一个位置，按住鼠标左键拖动。这样，耳朵就是尖尖的。大概是这个形态，然后闭合路径。再用吸管工具拾取需要的颜色。

耳朵有两层，里面一层要比外面一层稍微小一点，这个小一点的部分不是通过缩放得到的。等比例缩放因为宽高距离不一样，所以会导致变形，如果希望每一条边等距离缩小，有一个专用的命令。

选择耳朵路径，打开对象菜单，选择路径子菜单，再单击偏移路径命令。

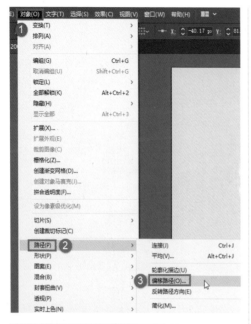

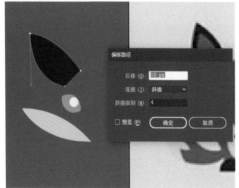

上图这 10px 的位移是往外的，这里需要设置为一个向内的负值，这里设为 –3，单击确定按钮。

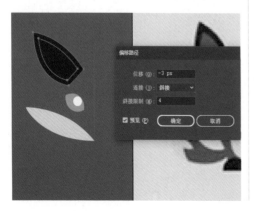

这样操作后就会得到等间距的内移路径。用吸管工具拾取耳朵里面的颜色。

再调节前后关系，选中耳朵路径，打开对象菜单，选择排列子菜单，单击后移一层命令。但是移动了一层没有效果。打开图层面板，可以看到图层中有很多个路径，有一个更便捷的方法，选中耳朵路径，打开对象菜单，选择排列子菜单，单击置于底层命令，将其直接放到最底下。

轴为垂直还是水平，设置好后单击复制按钮。

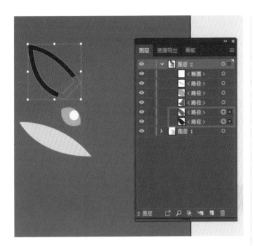

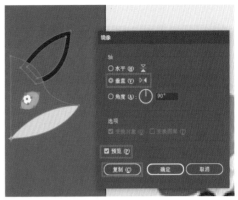

画到这里，就可以进行镜像操作了。注意，镜像工具也需要轴心点，回忆一下之前讲过的旋转工具，操作方法是一样的。选择整个狐狸脑袋，右键单击旋转工具。单击出镜像工具。

按住 Alt 键，找到需要镜像的轴心点，也就是狐狸腮帮的交叉点，单击。

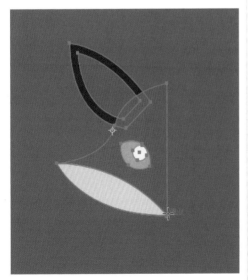

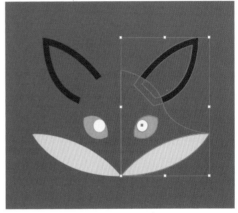

这样就得到了镜像结果。但是镜像后颜色不能完全一样，还需要调整右半张脸的颜色。

在弹出对话框中，设置镜像的方向，设置对称

画到这里，脸部还差一个鼻子。这个鼻子是个五边形，之前讲过多边形的绘制方法。单击多边形绘制工具，绘制出五边形。按住 Shift 键，使五边形朝着向上的方向。绘制好后，用吸管工具拾取需要的黑色为其上色。

这时五边形的尖头是冲下的，再使用镜像工具。但这次镜像不需要改轴心点，直接双击镜像工具，在弹出的对话框中使用默认轴心点，选择水平镜像轴，不单击复制按钮，直接单击确定按钮。

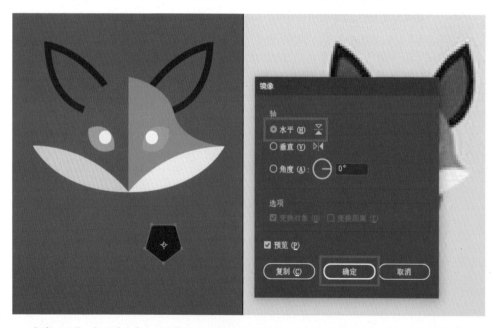

把鼻子压瘪，但是这个鼻子不太美观，虽然创建了五边形，但是它的点还是存在的，可以编辑。单击小白，单击五边形最下面一点，往下挪几格。两侧的点，按住 Shift 键把它们选中，再适当地往上抬一点。这样，鼻子的形状就稍微好看一点。最后将鼻子放到适当位置即可。

本节复习要点

　　1.使用钢笔工具靠近锚点，出现小尖头时，单击可以删除多余控制柄。

　　2.镜像工具的两种使用方法：其一，需要自己定义镜像中心点时，在中心点位置上按住 Alt 键单击；其二，不需要自己定义中心点时，双击镜像工具。

2.8　钢笔绘图（2）

　　本节讲解路径查找器的衍生用法——分割。在接下来学习中，经常对图形进行一些分割操作，使用布尔运算的加法和减法都无法得到这种效果。

本节知识点

　　◆　路径查找器——分割。

接下来画狐狸的身子、腿和尾巴。

身子如何画？仔细看它的形状，有点像椭圆，那么就画一个椭圆。

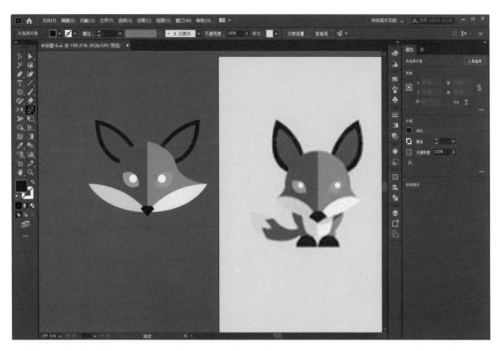

画完以后把它排列一下，放到下面。再拾取颜色进行填充，居中对齐。

画完之后如何得到半个椭圆？可以做减法，但是很麻烦，可以用更好的方法。单击小白，仔细看椭圆，它由 4 个点构成，选中其中一个点，按 Delete 键，就可以得到一半的效果。

　　在这个地方还需要画它的身体，只要把椭圆复制一份，按 Ctrl+C 组合键复制，按 Ctrl+F 组合键粘贴到前面，再把宽度压窄一点，填充颜色。

　　腿其实就是半个圆，再设置一下颜色。同样地，跟画半个椭圆一样，单击小白，选择一个锚点并删除掉，填充颜色再放置到合适的位置就可以了。

再选中这些图形，使用镜像工具。这时需要改变轴心点，按住 Alt 键，单击轴心点，左右镜像，单击复制按钮。

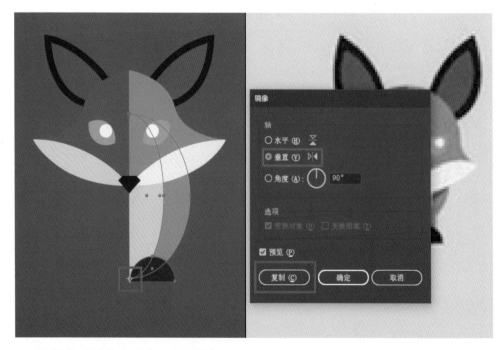

这时身体又挡住脸了，排序一下即可解决。

画到这里的时候，可能会看到中间有一条缝隙。在绘制过程中，会经常出现这种小的漏缝或者对齐差一点点的现象，这是显示器显示的问题，放大图形后会发现其实中间没有缝隙。

接下来调整一下颜色。

仔细观察，可以发现腮帮底下有一个小小的阴影，这个阴影如何制作？就是用钢笔工具直接画，画完之后双击色块，选择一种灰色。

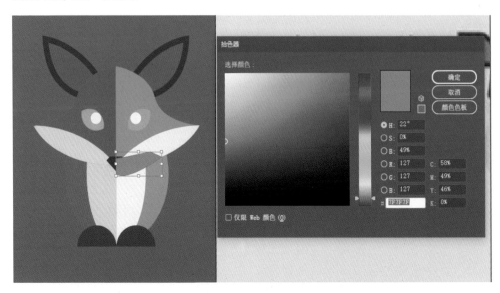

将其排列到下层（组合键为 Ctrl+{），并调节不透明度为30%。

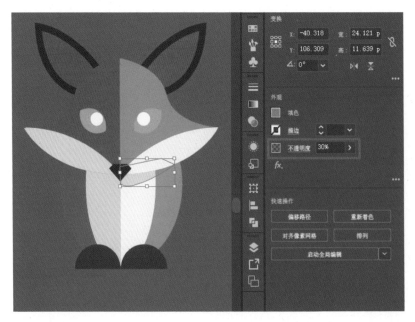

这样阴影就画好了。

下巴部位的阴影没有对齐。

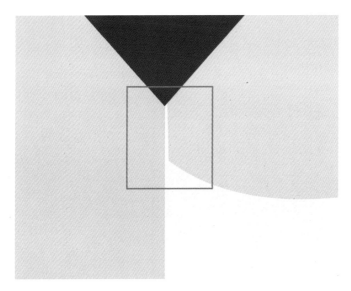

单击小白，选择需要调节的点，但是无论是使用键盘移动还是鼠标拖动，它都不能直接对齐到中间，而像是吸附在某个点附近，这是因为系统默认有一个对齐的功能，只要把这个功能关闭就可以。

打开视图菜单，取消勾选对齐像素命令，就可以关掉系统默认的自动对齐像素功能。

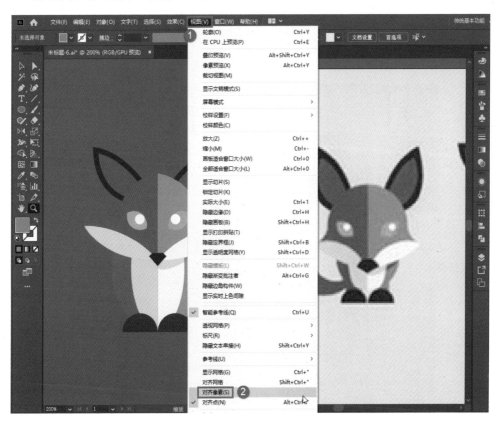

再次拖动这个点，就可以轻松地移动到需要的位置。

最后绘制狐狸的尾巴。尾巴需要使用钢笔工具来绘制。点的位置可以通过小白操控。画完之后，再填充颜色，同样需要排列到底层。

尾巴是一个路径对象，填色只能填一种颜色，但是尾巴上有两种颜色。先使用钢笔工具把尾巴上颜色的分界勾画出来。

画完之后把它变成一条线，交换填色与描边的颜色。为了方便区分，这里把描边颜色设置为红色，不使用填充色。

单击路径查找器面板上的分割按钮，把一个对象分割成两个对象。这样这两个对象就可以设置不同颜色的填充色。

选中尾巴和这条线，打开路径查找器面板，组合键为Shift+Ctrl+F9，单击第二排第一个分割按钮，会发现多余的线条（不能形成面积的线条）全部自动删掉了，能形成面积的就被保留下来。

（路径查找器分割的特点：几个图形线条进行分割后，可以形成面积的线条会被保留，不能形成面积的线条会自动删除，分割后的图形会被自动编组。）

尾巴看起来已经分成两块了，但是单击就会发现尾巴还是一个整体。这是因为分割后的对象自动绑在一起，可以通过解开绑定得到单个对象。打开对象菜单，再单击取消编组命令，这样就可以分别选中单个对象了。这两个物体就分别有自己的填充属性了。

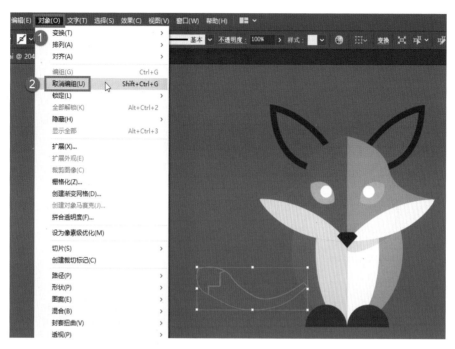

选中尾巴，用吸管工具拾取颜色。尾巴分割之后，根据最后的那条线段在最上面的原理，此时整个尾巴又到上面来了，再次将其排列到底层。这样，狐狸图标就完成了。

其他的图标在这里就不再演示如何绘制了，读者自己完全能把所有的图标都绘制出来，但是有两个小细节需要注意。

例如这个羊的图标，周边的圆圈如何画？使用先画一个圆圈再复制的方法太麻烦了，所以之后会讲解关于画笔笔触的设定及应用，学会它就可以轻松地绘制重复的图形。

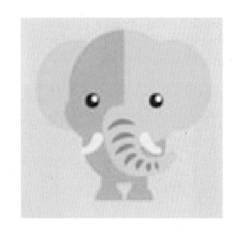

又如大象的鼻子，鼻子上颜色比较深的部分，如果一个一个画，就会非常费劲。仔细观察，它是有规律的。

之后也会讲到一个关于混合的命令，只要画出第一个和最后一个图形，中间的过渡形状就可以自动生成。

本节复习要点

1.路径查找器分割的特点：将几个图形的线条进行分割后，可以形成面积的线条会被保留，不能形成面积的线条会被删除。

2.分割后的图形会自动编组。

第 3 章

图层基础

　　本章介绍非常重要的图层功能。借助图层功能，用户可以对绘制的图形或需要编辑的文件内容进行排列与控制。在具体使用图层功能时，还需要对图层对象进行编组等操作。另外，通过图层编辑颜色时，还会涉及图层间的透明度设置与混合模式调整，以实现不同的画面效果。

3.1 认识图层

本节带领读者从图层面板着手管理对象，分图层罗列所有对象所处的层次。

本节知识点

◆ 图层的基本操作。

◆ 图层的选择排列。

◆ 更改图层选项。

下图这个画面看起来非常简单，下面来看看如何在图层面板中很好地管理这些对象。

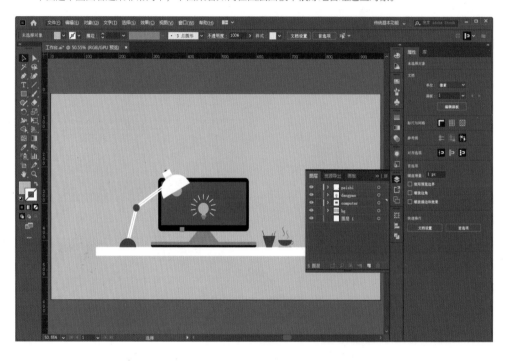

图层的基本操作

在右侧图层面板中，有一排"眼睛"，它们控制对象的显示和隐藏，之前已经演示过。

例如，现在想选中台灯，单击它，但是底色的颜色框也跟着被选中了。这是很明显的，在选择对象的时候碰到哪个就会选中哪个。

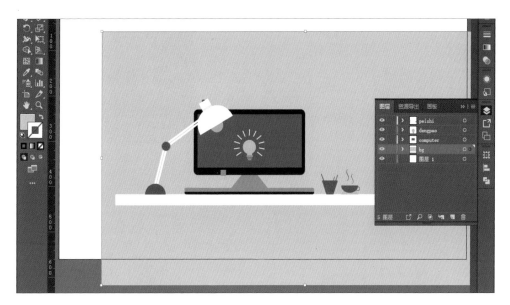

单击"bg"图层的背景颜色框，会出现一个小锁头。

再选择的时候，背景就不会被选中了。但还是会把显示器选中，那就把显示器所在的图层也锁定。锁定暂时不需要的图层，再去选择就不会选中其他对象。

选择对象时如果有重叠，一不小心就会选中不需要的对象，那在选择对象的时候就非常麻烦。在图层的右边有一个圆圈，单击这个小圆圈，可以轻松地选找那个图层上的所有对象。

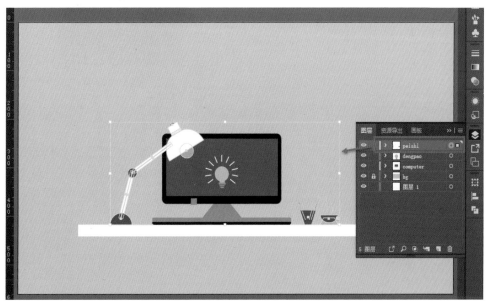

图层排列

讲到这里，读者对通过图层绘制对象的方法有了初步的认识。但实际上，图层操控还有一个特别方便的地方，就是可以对对象的排列次序进行调整。

例如，将台灯放到显示器的后面。按以前的方法是使用对象菜单中的排列命令，然后一层一层地移动或者移动到最底层，但是还有一个背景图层，移到最底层台灯就看不见了，还需再移到背景图层上方。这样操作非常麻烦。如果用图层管理，就会非常方便。要把台灯放在显示器后面，只要拖动图层的顺序，把台灯所在的图层放置到显示器所在图层的下方即可。

台灯是主体物，而桌子上的杯子是配饰，放在一个图层中不合适。想要把这两者分开，需要新建图层。找到图层面板右下角的创建新图层按钮，单击该按钮，就出现一个"图层6"，双击改名"taideng"。

单图层操作

下面演示如何把选中台灯对象，并将其放到新建的图层中去。

在图层前，有一个三角，单击展开，可以看到图层的结构，也可以对图层中的对象进行单独的操作。在"peishi"图层中选中灯座，在对象的最右边出现一个实心的方块，按住鼠标左键把它拖到台灯图层，松开鼠标，灯座就移动过去了。同样地，将灯罩也拖到台灯图层。

将台灯所在的图层拖动到显示器所在图层的前面，就好了。

还有一个图层识别的好方法。仔细看图层面板中每个图层前都有一个颜色条,单击灯泡图层,会发现选框是粉紫色的,再看图层的颜色条,也是相同的颜色,说明灯泡属于粉紫色图层。

单击灯罩后选框是青蓝色的,但是图层中有多个颜色条都是青蓝色,可以修改颜色条。双击台灯图层,在弹出的对话框中修改颜色为深蓝色。

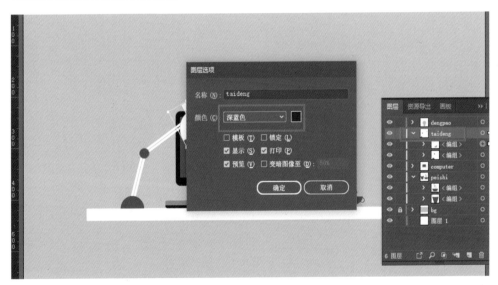

现在只要一选中台灯,它的选框都是深蓝色的。有了这个功能,对于图层、对象的控制就变得特别简单。

本节复习要点

1. 单击图层后面的圆点可以直接选中图层中的对象。

2. 双击图层可以更改图层选项,改变显示颜色。

3. 通过锁定、隐藏图层的方法优化操作。

4. 拖动调整图层顺序。

3.2 图层对象的编排与控制

本节介绍如何从零开始编排图层，如何把对象放到对应图层上，并介绍编组功能到底是什么意思，以及如何使用。

本节知识点

◆ 分图层管理项目。

◆ 将对象进行编组设置。

◆ 通过编组调整图层顺序。

下图是一个已经画好的画面，可以看到很多个图层。

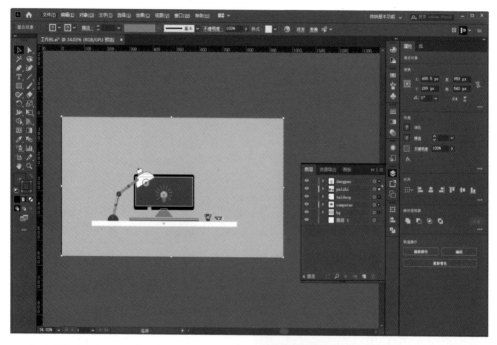

先全部选中所有图层，然后打开对象菜单，单击编组命令，进行对象编组，把所有的对象组合起来。

这时，所有的对象都集合到一个粉紫色的图层里，其他图层就可以删掉了。把这个图放到左上角。

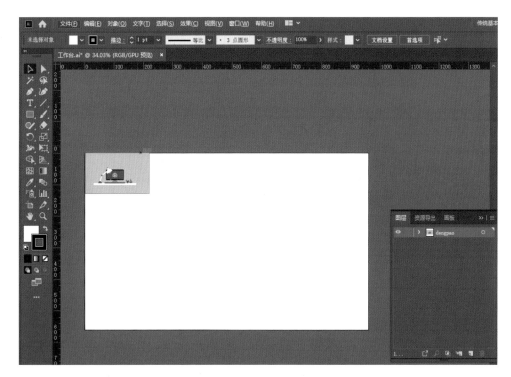

　　接下来开始绘图。首先画背景的颜色，需要新建图层，命名为"bg"。左上角参考的对象就不需要进行操作，将其锁定即可。绘制一个矩形，接下来会在这个矩形里绘画。颜色直接使用参考图像中的颜色来设置即可。

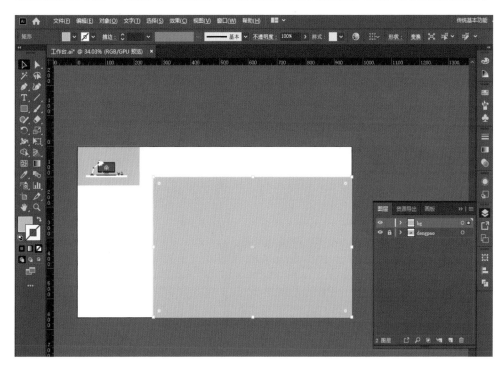

下一步绘制桌子，这时就不在背景上画了，应该新建一个图层。创建完图层之后命名为"电脑"，然后绘制矩形。

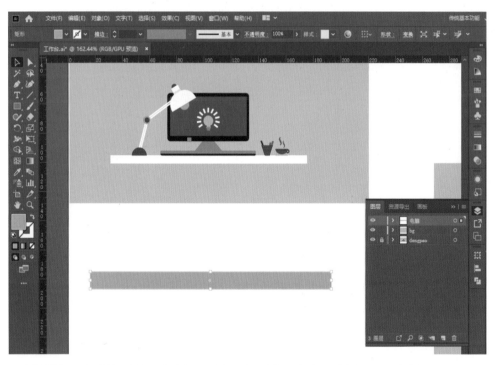

绘制完矩形后，颜色不能设置为纯白，因为背景也是白色，所以设置成灰色。下一步绘制电脑。电脑绘制也比较简单，首先绘制显示屏。绘制一个矩形，然后倒圆角，圆角不需要太大，颜色设置为黑色。

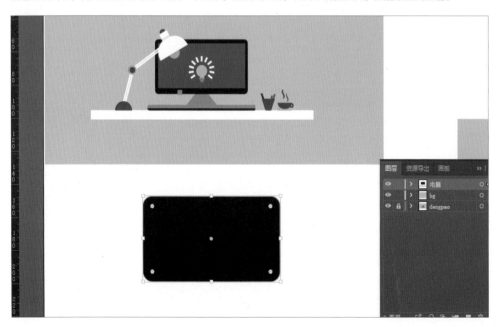

里面是一个稍微小一点的矩形,没有圆角。打开对象菜单,选择路径子菜单,单击偏移路径命令。

设置一个负值,可以看到矩形往里移动了一些,单击确定按钮,再设置颜色。

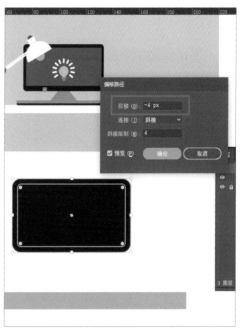

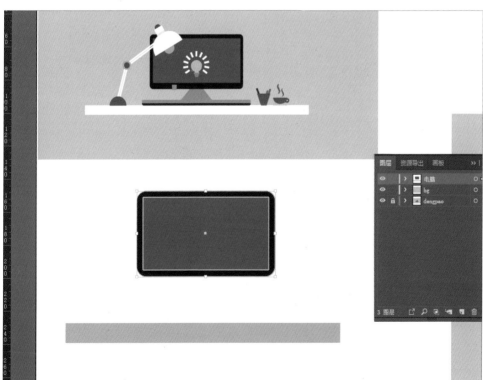

在显示器的下方有一个按钮，所以下方要空出多一点的位置，将矩形稍微往上提一点。然后在底下绘制一个小矩形，再将按钮和显示器底部对齐，设置颜色为灰色。

现在讲解编组的概念。因为接下来要画计算机的底座，如果底座继续在这里画，画的时候很可能就会选中组成计算机的几个矩形，因此需要把这些矩形组合成一个整体，给它们编组。

选中这几个对象，打开对象菜单，单击编组命令。

编组的好处是，拖动这个整体，这 3 个对象可以一起移动、变形、旋转等，好像捆绑在一起。要选中它也非常方便，它在图层面板上是一个整体，可以直接操作。

接下来画底座。先画矩形，然后单击自由变换工具，选择角点，同时按住 Ctrl+Alt+Shift 组合键和鼠标左键拖动，进行变换得到梯形，将颜色设置为灰色。

底下再画一个矩形，倒圆角。如果没有看见控制点，就使用缩放工具放大图片后再操作。然后选中两个底座对象，将它们居中对齐。

另外，该矩形还分了两种颜色，之前讲过一个对象不能拥有两个颜色属性，所以要对它进行切割。用直线段工具画一条横线，将其居中对齐。打开路径查找器面板，单击分割按钮。

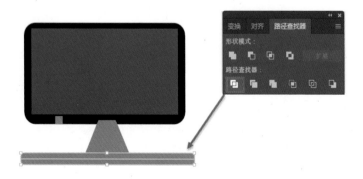

分割以后对象自动编组，所以需要先取消编组，再单独选中，分别填充为灰色和黑色。然后将底座灰色的部分使用路径查找器面板中的联集按钮进行相加运算。

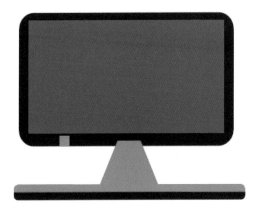

最后单击对象菜单中的排序命令，将其排列到最底层。显示屏和底座以及桌子是不同的编组，但也可以将它们居中对齐，这样，电脑及桌子就制作完成了。再把它们放到背景中，按住 Alt+Shift 组合键和鼠标左键等比例放大。

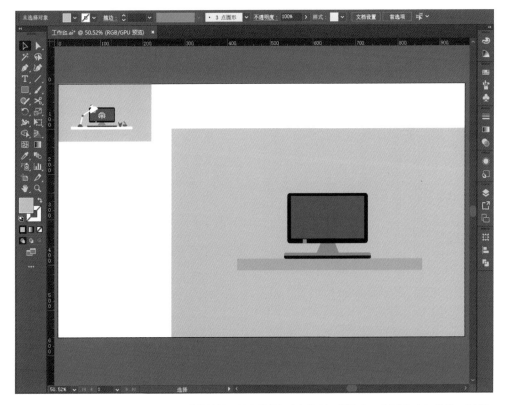

画到这里，看一下图层面板，图层中的结构。其中的编组也与路径一样放在一个组里，还可以打开编组，里面每一个结构都有。

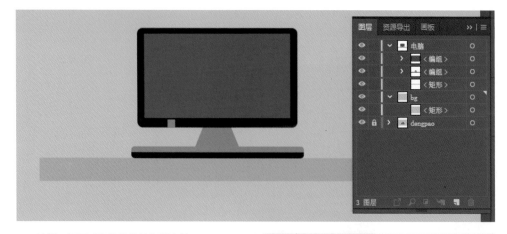

这样，图层对象的编排就非常清晰。

接下来继续绘制。绘制显示器中的灯泡。灯泡需要单独放在一个图层中，因为如果在同一图层中，单击会选中编组，所以需要新建一个图层，起名为"灯泡"。

灯泡由一个圆和几个矩形构成。先绘制一个圆，再绘制一个矩形，并设置颜色，然后居中对齐两个对象。

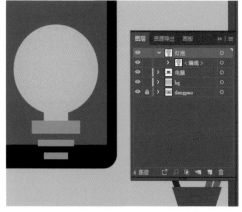

接着在下方画几个绿色的矩形。画了一个之后，第二个矩形可以直接复制，再缩小。按住 Alt 键和鼠标左键，拖动可以两边同时收缩。很明显，灯泡也是一个整体，因此也需进行对象编组。

灯泡周围一圈发光的效果，只要画线条，然后再进行旋转复制即可。旋转需要修改轴心点，按住 Alt 键，在圆的中心单击，设置轴心点。设置好旋转角度，单击复制按钮。

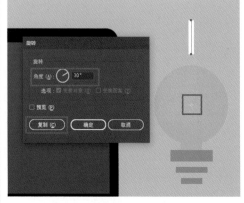

再按 Ctrl+D 组合键进行再次变换。

另一边就使用镜像复制来绘制。在选择线条时会选中灯泡，因此在图层面板中，将灯泡编组锁定。单击镜像工具，以圆的中心为轴心点，垂直复制即可。最后将所有的线条进行对象编组。

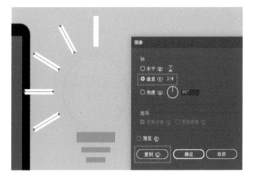

在灯泡图层中有两个编组，一个灯泡编组，一个灯泡的线条编组。这样灯泡就绘制完成。

将灯泡放在显示器中，按住 Alt+Shift 组合键和鼠标左键等比例放大，调整位置。

本节复习要点

1. 将每个对象新建图层绘制，进行分图层管理。

2. 将绘制好的单个对象进行编组设置，方便操作。

3. 通过路径查找器将所选对象进行分割、联集操作。

3.3 编组与隔离模式

如果每次都要取消编组，再重新编组，也非常麻烦，下面介绍关于编组的进阶知识，如何更方便地操作编组。

本节知识点

◆ 运用隔离模式编辑图层。

接着上一节的内容继续进行操作。先将所有图层锁定，新建一个图层并命名为"台灯"。

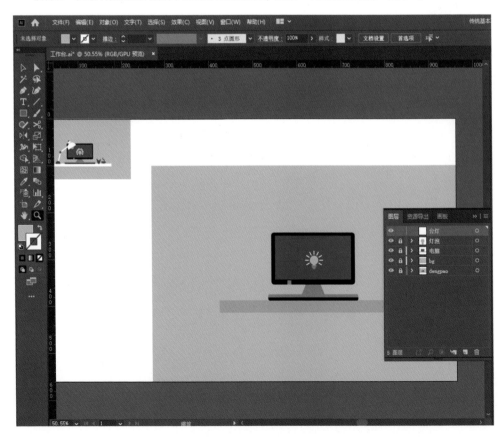

看一下台灯由哪几部分组成。

台灯底部是一个半圆，所以先绘制一个圆，填充颜色。然后用小白把圆的下半部分删掉，得到一个半圆的效果。

台灯的支架有两组。画一个矩形，填充颜色，然后排列到台灯后面，再按住 Alt 键和鼠标左键拖动复制一个支架。支架长度太短，直接拖动拉长即可。

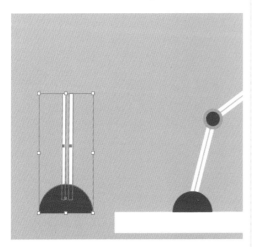

将这两根支架进行对象编组，然后旋转。直接拖动旋转即可。

支架上还有一个小圆圈，画一个圆，用吸管工

具设置颜色。仔细看这个小圆圈上还有描边的颜色，而用吸管工具已经将它的填充和描边的属性全部带了过来。描边太细看不清，调大描边粗细的参数值。

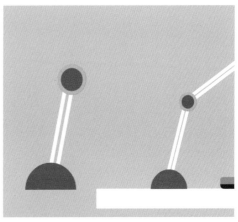

因为支架是一个编组，而上方还需要支架，所以直接复制即可。也可以直接复制底座的半圆，作为台灯的灯罩，设置为白色。

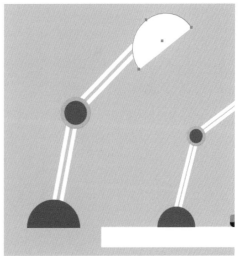

再看中间的台灯臂，想要把这两个支架稍微靠拢或者将支架变粗，这时需要先取消编组，然后再单独进行操作。但是做完之后还需要重新编组，这样操作显得比较麻烦。对编组的对象可以双击，进入隔离模式。在左上角显示台灯这个图层。隔离模式意思是隔离了其他所有对象，只有选中的这个编组环境，然后就可以单独编辑。

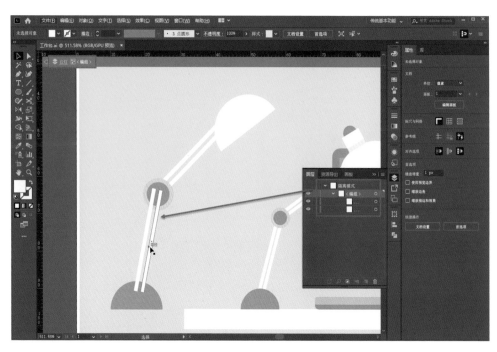

编辑完成之后，单击左上角的退出按钮即可退出，回到普通模式。这样操作没有取消编组，而且可以编辑编组中的任意对象。

下面继续绘制台灯。把台灯支架上的圆复制作为台灯的灯泡，然后排列到底层。

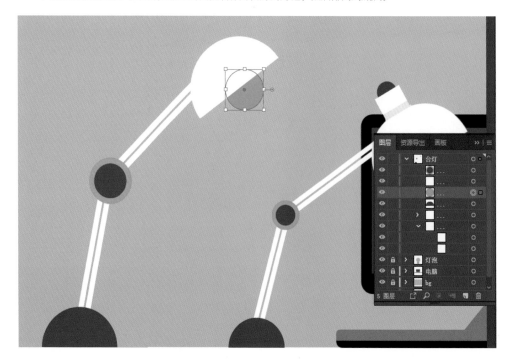

台灯灯罩上还有一个矩形，先画一个矩形，再
将这个矩形复制一个并压短，灯罩上方有两种颜色，
所以分别设置颜色。

因为需要同时进行旋转，所以将这两个矩形编组，然后旋转，再调整位置。

在灯罩头上再画一个圆形的小按钮，调整其排列层次及位置。

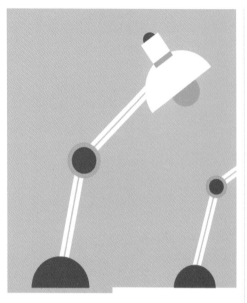

将灯罩部分全部进行编组。选择时会框选到支

架，所以将支架锁定。

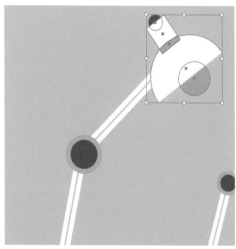

这样台灯就绘制完成了。将台灯移动到背景上，移动前需要先解除锁定。台灯有点小，将其适当放大。

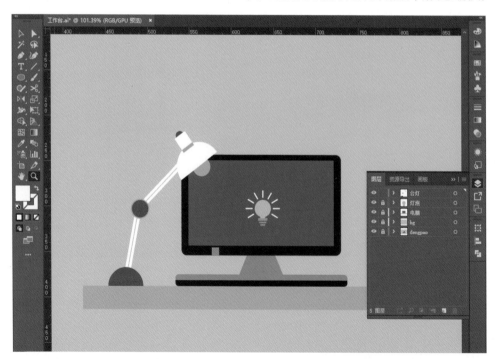

这时可以充分地利用图层和物体已经编排好的管理次序，随时找到需要修改的地方进行修改。

如台灯的灯泡不居中，需要修改。但是单击它会选中整体，可以双击进入隔离模式，然后选中灯泡进行调整。可以直接双击空白处退出隔离模式。如果觉得形态不是很好，可以使用小白工具选中点，直接拖动修改。这样可以很好地管理所有的对象，而且不会影响到其他的图层结构。

本节复习要点

双击对象进入隔离模式，可以对已编组的对象进行编辑、调整，再次双击画面空白处可以退出隔离模式。

透明与混合模式

本节讲解透明度和混合模式的应用方法。

当绘制完一个图形，如果只是画一个方块，填充一种颜色，就比较简单，但是如果画了很多个对象放在一起得到一个效果，这个时候再去更改颜色，就得选中每个对象再更换，这会比较麻烦。使用图层混合模式，能让调色工作变得简单，无论底图画了多少个东西，它能够把某一种颜色跟底图进行叠加计算，得到新的颜色效果，用它进行调色就非常方便。

本节知识点

◆ 运用混合模式调整图层颜色。

下面这张图已经通过叠加调整过颜色了。

把颜色图层隐藏，就是它的原稿，呈现出一种偏青蓝色色调的效果。

如何对已经画好的图进行调色？可以逐个选中对象进行调色，但这样操作太麻烦，也可以把图片导出为 JPEG 格式，用 PS 进行调色。但是导出成 JPEG 的图片就变成了像素图，所以一定要在 AI 里进行颜色调整。

新建一个图层，改名为"调色"。接下来绘制一个需要调色的矩形，按原稿的大小绘制。绘制完之后，将其填充为绿色。

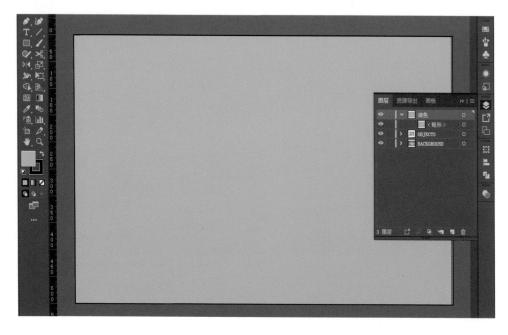

打开窗口菜单，单击透明度命令。

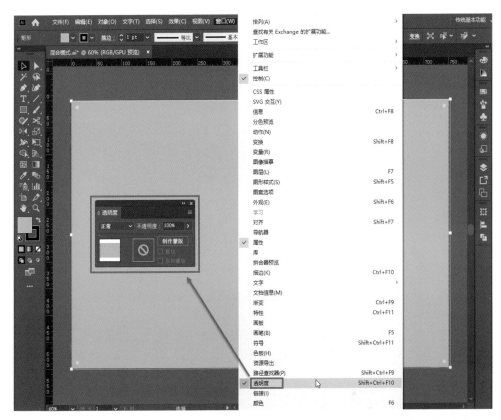

在透明度面板中有需要调整的两个属性，一个是不透明度，另一个是混合模式。

先看一下不透明度，100%不透明就是完全不透明度的效果。降低不透明度就会变透明，调到 0 就是原稿效果。

但是不能使用这种方法直接进行调色。因为颜色以半透明的形式挡在上面，画面会变得灰蒙蒙的，这样会看不清楚画面中的对象，所以不仅需要调节不透明度，还需要调整混合模式。

利用混合模式调色

选择绿色矩形, 更改混合模式。模式中分了几组, 正常就是没有任何混合的效果。

（变暗模式: 过滤白色, 两层混合结果更暗。变亮模式: 过滤黑色, 两层混合结果更亮。叠加模式: 过滤 50% 灰色, 两层混合增加对比度。）

其中有一个变暗混合模式, 就是整个会变暗的效果。

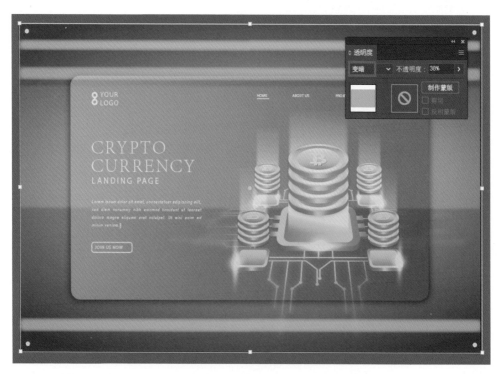

正片叠底混合模式即为换了一种新的算法得到变暗的效果。变暗模式组中都是变暗的效果, 只是用不同的算法得到变暗效果。

选择滤色混合模式，会加强对比度。

选择柔光混合模式，对比度不是很强。

选择叠加混合模式，对比度更强一些。

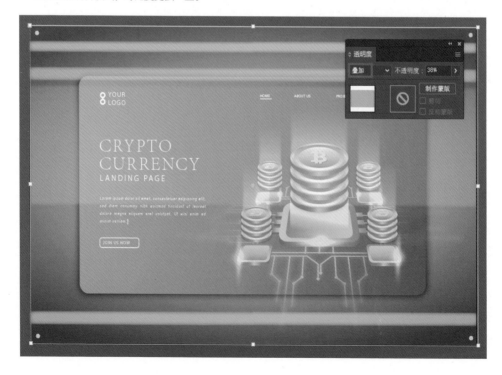

选择排除混合模式，得到反过来的颜色计算的方法所呈现的效果。

选择色相混合模式，可以看到这种混合模式的调色效果。

利用不透明度调色

如果觉得利用混合模式调色后的效果过于鲜艳，还可以调节不透明度，得到饱和度并没有那么高的偏绿的色调效果。但是图上钱币的颜色效果不是很好，没有金子的感觉。在这里就不使用色相，使用叠加混合模式来加强对比度。这样钱币的颜色又恢复了。

与原稿对比，可以看到调色前的青蓝色效果。

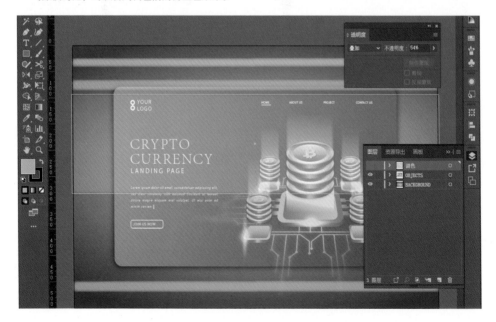

调色后，得到偏绿色的效果。

如果没有掌握这种方法，就必须将图片导出到 PS 中进行调色。掌握了不透明度和混合模式叠加的方法，就可以在 AI 中对图像进行颜色调整。

AI 中有多种混合模式，读者在课后可以一一选择尝试，结合不同的透明度，得到自己想要的颜色效果。

本节复习要点

1. 通过混合模式调整图层颜色。

2. 尝试不同的混合模式，选择最优的效果。

第 4 章

绘图进阶

　　掌握了简单的绘图功能，读者就能够快速绘制一些基本的形状或图形，但实际上真正的图形设计，会涉及更复杂的图形绘制与色彩渲染等知识。本章将在之前的基础上，带领读者借助渐变、蒙版、画笔等工具实现绘制复杂图形的目的。

创建和使用渐变

本节讲解创建和使用渐变的技巧。在掌握了渐变的用法之后，可以大大丰富整个画面的色彩。

本节知识点

◆ 正确使用渐变工具。

在下面这张图片中，有很多元素都用到了渐变的颜色。

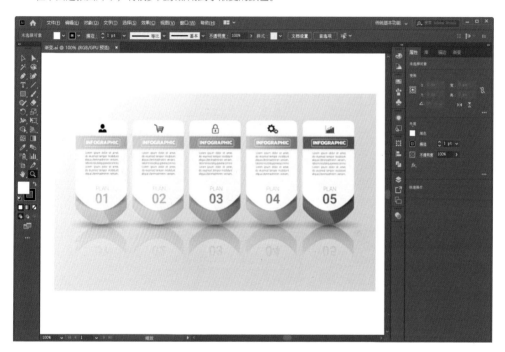

创建渐变

画面中要有一个底板，所以先创建一个矩形，这个矩形默认使用白色的填充和黑色的描边。

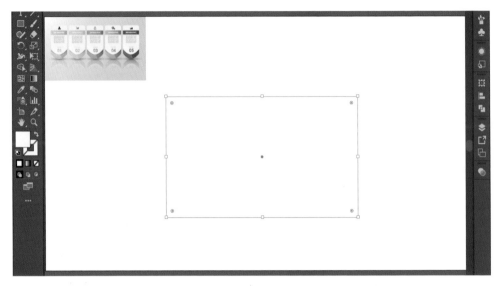

然后添加渐变效果。在实际工作当中，有以下
几种方法。

方法一，单击工具栏中的渐变工具，快捷键为
G（Gradient）键。

可以看到渐变效果添加到了矩形中。

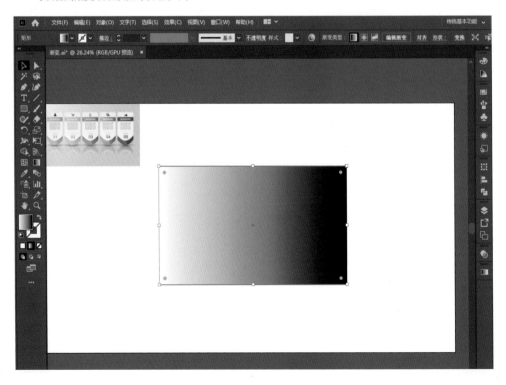

方法二，打开窗口菜单，再单击渐变命令，打开渐变面板。

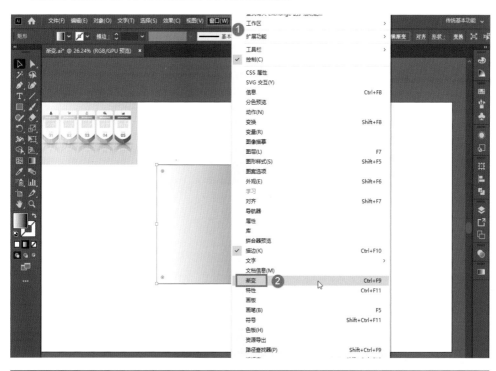

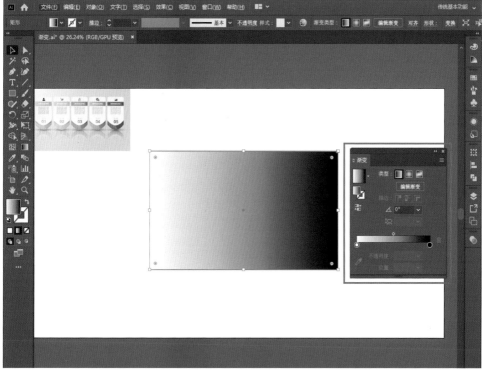

系统有一个默认的白黑渐变。先单击选中需要上色的对象，再单击渐变面板中的渐变工具，这样渐变就填充到矩形中了。

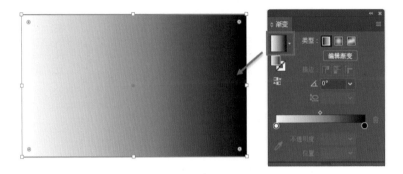

控制渐变颜色

下面控制渐变的颜色。想要渐变的左上角是白色，右下角是偏青色，则需在渐变面板中编辑渐变色条。

渐变色条上有两个小圆点，左边是白色，右边是黑色。双击小圆点，就会弹出一个颜色面板。

如果在颜色面板上只有黑白灰，没有彩色的话，可以单击颜色面板右上角的扩展菜单按钮，选择 HSB 进行调色。

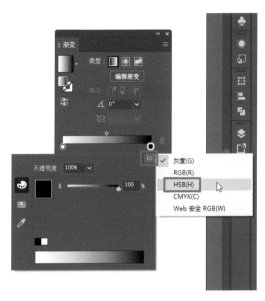

调出需要的青蓝色。因为是背景色，所以不需要太鲜艳，降低饱和度及亮度。调色完成后，在渐变面板中的任意位置单击，就可以收缩颜色面板。

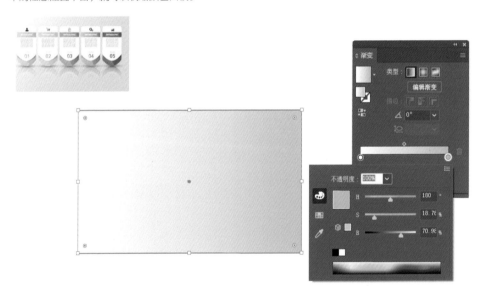

除了可以更改渐变的颜色，还可以控制渐变的方向。现在的渐变方向是从左到右，如果想得到要从左上角到右下角的渐变效果，先单击工具栏中的渐变工具，快捷键是 G（Gradient）。

单击渐变工具，矩形中出现了一条线。

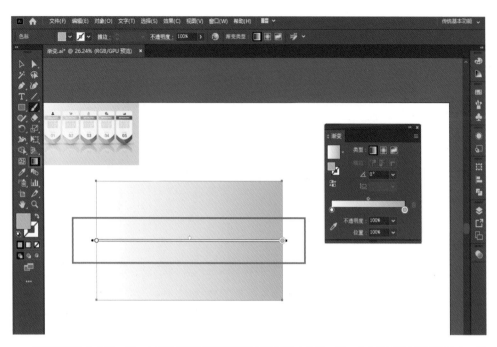

这条线有几个功能，第一个功能是控制渐变的颜色过渡到什么位置。第二个功能是控制渐变的方向。看见这条线，不需要移动它，而是直接按住鼠标左键往需要渐变的方向拖动。在左上角按住鼠标左键，拖动到右下角松开，渐变方向就更改了。

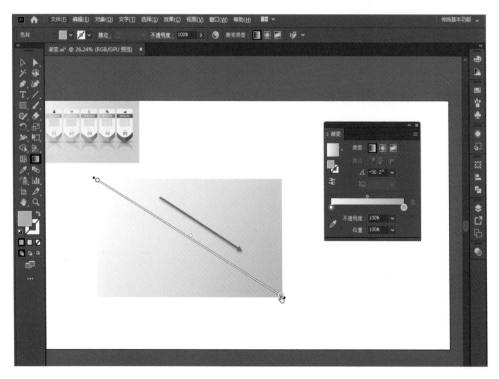

本节复习要点

渐变的方向是由渐变工具来设置的。

渐变绘图

本节介绍渐变的应用方法。

本节知识点

◆ 如何改变渐变的颜色和方向。
◆ 如何创建图形的阴影。
◆ 如何创建物体的反光面。

接着上一节的内容，继续进行渐变制作。此时的背景基本上不需要再进行操作，所以在图层面板中把背景锁定。

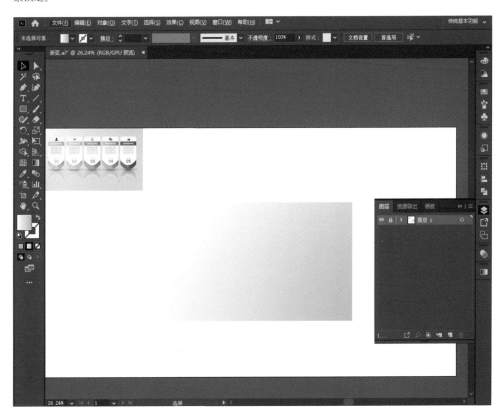

绘制渐变

　　为了不影响操作，新建一个图层绘制图形。这个图形像矩形，带圆角。首先画一个矩形，选择白色为填充色，再倒圆角。这个圆角不需要太大，如果太大，就很容易让人的视线集中到圆角上，但其实主要是想让读者看这个牌子。

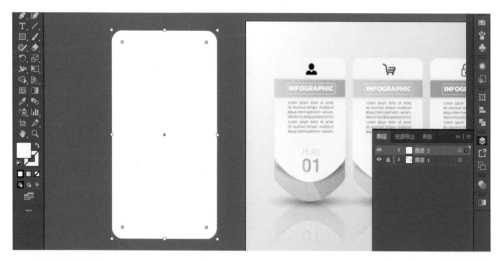

　　牌子的尖头怎么控制？用钢笔工具在牌子底部的中间添加一个锚点，将这个锚点往下拉，让牌子变成一个尖头。

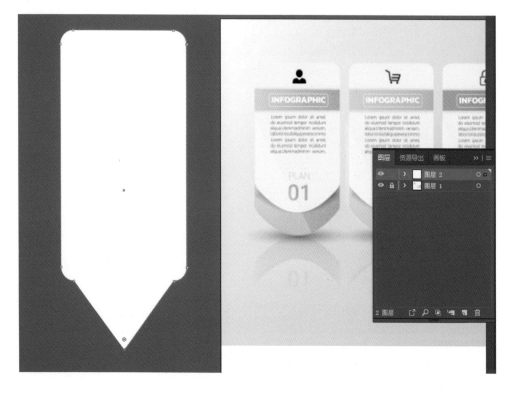

　　但是这样拖出来之后有个问题，牌子底部两边的锚点产生的过渡不好看。可以直接把这两个锚点去掉，用钢笔工具靠近锚点，当鼠标指针变成减号时，单击就可以去掉锚点。再使用小白把圆点拉回来，形成圆角；或将底部的锚点再往下拉形成比较尖的形态，然后再做圆角。这个圆角如何做，根据自己的需求进行。

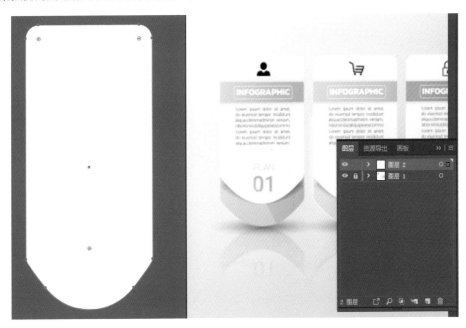

　　牌子上还有一块彩色的部分，选择刚才画好的牌子，按住 Alt 键和鼠标左键拖动复制一份，复制完后往下移动一点。为了看得比较方便，暂时给复制的牌子填充一个颜色。

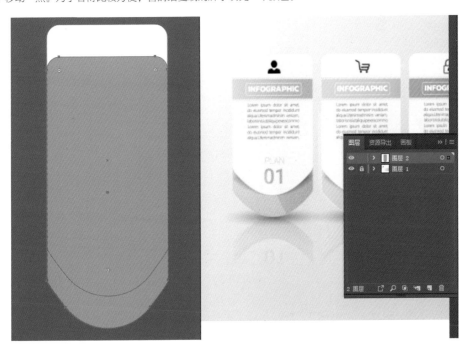

这是两个图形，准备给第二个图形填充渐变颜色，因为它应该是在底下，被白色物体挡住，所以找到相应的图层，把次序调整好。

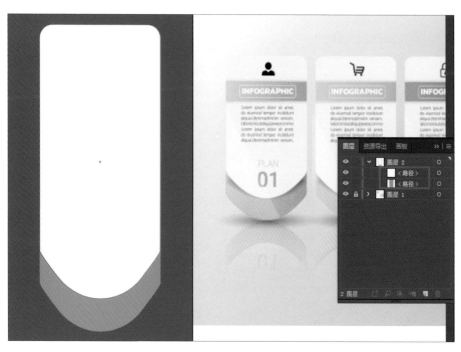

选中第二个图形，准备填充渐变颜色。按.（句号）键给图形填充渐变颜色。在渐变面板上可以编辑颜色，选择一个色标，双击展开颜色面板，单击右上角的扩展菜单按钮，再单击 HSB，然后再调色。

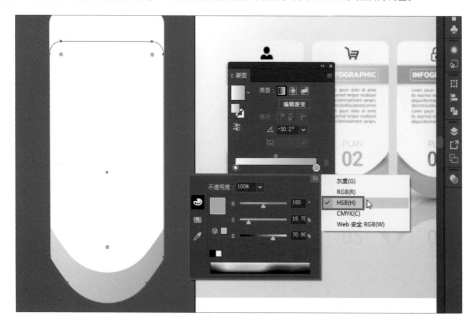

现在有参考对象，还可以使用拾色器拾取颜色。

先选择色标，然后在渐变面板下方有一个吸管图标（拾色器），这个拾色器与之前使用的吸管工具完全不同，不要点错。单击拾色器之后，拾取暗黄色，选中的色标就变成了暗黄色。左边也使用同样的方法，在亮黄色这边单击一下。

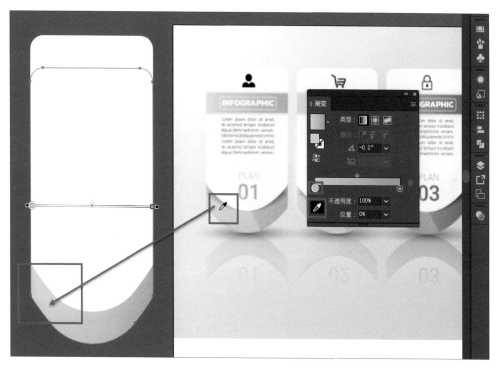

渐变的方向依然是之前的，但它的跨度太大了，需要修改渐变方向。单击渐变工具，不是拖动原来的渐变方向，而是直接创建想要的渐变方向。如果还是吸管图标，是因为之前使用拾色操作没有取消，再单击一下拾色器就可以取消。现在就可以操作渐变的方向。

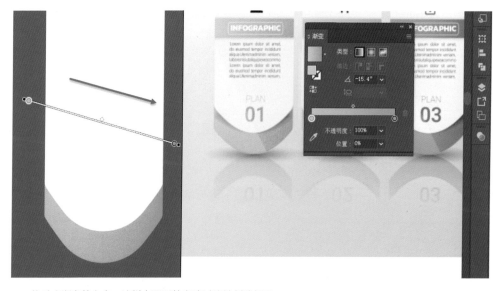

拖动出渐变的方向，这样有明显的亮暗过渡就创建好了。

在白色和彩色的中间有一层小小的阴影。阴影的制作方法，填充一个黑色然后再让它在周边产生柔和的过渡（就是羽化）。首先需要复制一个跟白色图形大小一样的对象，填充成黑色，然后再羽化。

选择这个白色图形，复制并粘贴在后面，再将其填充成黑色。现在是看不见的，因为被白色图形完全挡住了，下一步进行羽化。

打开效果菜单，选择风格化子菜单，单击羽化命令，添加羽化效果。

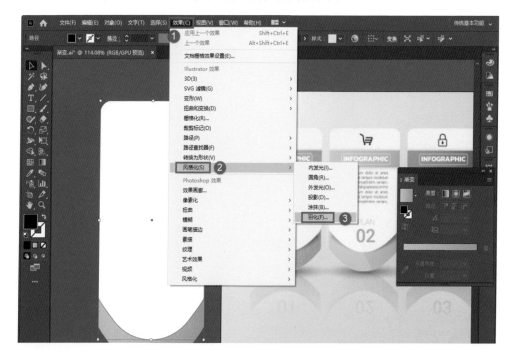

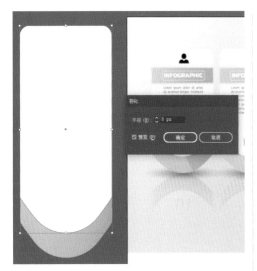

在尖头的地方其实不需要有明显羽化效果，而在两边则需要有比较明显的羽化效果，也就是要把羽化的黑色图形的尖头部分收缩回去。直接拖回去就会整体往上收，全部羽化效果都看不见了，所以需要控制锚点。

使用钢笔工具控制锚点。在尖头地方没有锚点，就在这里添加一个锚点，两边的锚点不需要去掉，否则形态会发生一些变化，可以用控制锚点的方法控制这几个锚点。选择小白单击选中刚才添加的锚点，现在控制这个锚点使它收缩回去，而两边的锚点不需要调整就保留在这个地方。按上箭头键，尖头就收缩上去了。

两边形成了类似小犄角的形状，也可以用小白选择这两个锚点，按住Shift键单击选中这两个锚点，也把它们向上移动，可以拖动锚点的控制柄调整方向。

羽化预览，什么都看不见。看不见是因为它正好被挡在下面，把它往下移一点，这样黑色的羽化边缘就可以看到了。

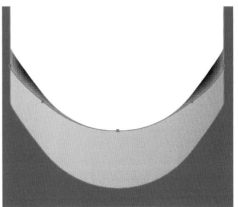

这样，露出来的黑色阴影就完成了，但是现在它的颜色特别黑，调整不透明度为40%。

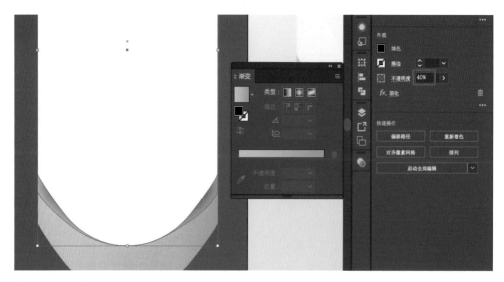

　　在牌子上还有一个矩形的条带，像是一个卡片堆在它的上面。直接画一个矩形，拖动到合适的位置。设置颜色时，需要它的渐变颜色与下方黄色渐变保持一致，可以使用吸管工具。在工具栏中单击吸管工具拾取颜色。吸管工具不仅可以拾取填色、描边等的颜色，物体的属性都可以拾取过来（包括渐变）。

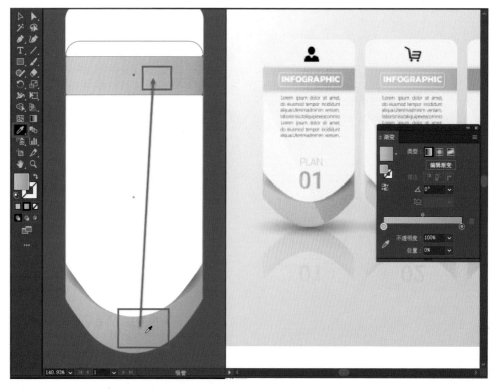

　　卡片做好之后，下方还有阴影，可以直接添加投影，在这里就不做演示了。在牌子上添加边角的高光，会使其更好看，这个高光是一个半透明的白色过渡到透明的白色的效果。

实现颜色透明的过渡

下面介绍如何实现颜色透明的过渡。

首先做出这个形状，将牌子图形复制一个，放在最上层，单独做高光。新建一个图层，这样就不会影响其他对象。

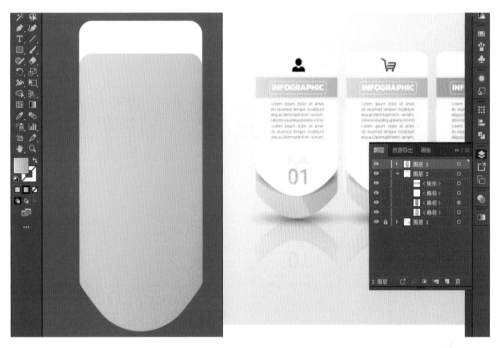

将复制的图形贴在前面。高光是一个斜角，使用钢笔工具画一个斜角出来，大概是下图中的形状。选中图示两个对象，进行分割。

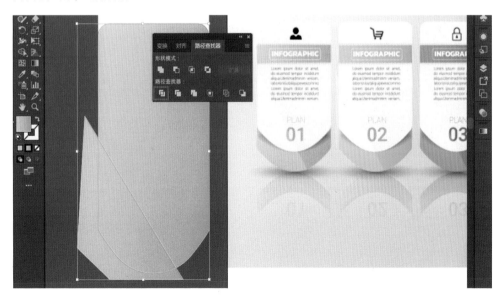

分割前图层中有两个路径，分割后是一个编组。制作高光只需要保留中间斜角的部分就可以了，所以把多余的图形全部删掉。

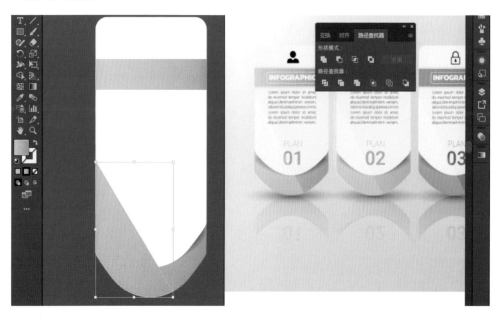

半透明过渡到透明的效果

下面实现由半透明过渡到透明的效果。同样，先设置渐变，无论哪一种渐变都可以，也可以保持亮黄到暗黄的渐变。渐变色条上的色标都选择白色。选中左边色标，将下方不透明度改为50%，将右边色标的不透明度改为0%。这样就由50%过渡到0%的不透明度。改变过渡的方向，也是单击渐变工具，拖动改变渐变的方向，从右上方按住鼠标左键拖动到左下方。这样高光的渐变就完成了。

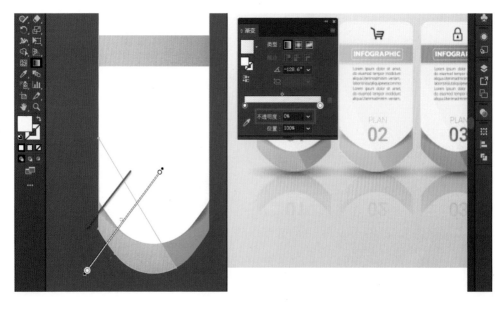

本案例中还有倒影的效果，这些倒影还有一些过渡的透明、遮挡，这种效果就不是用纯粹的渐变来实现，而是通过图层蒙版实现的。下一节就会讲解使用图层蒙版解决倒影问题的方法。

本节复习要点

1. 利用。（句号）键快速添加渐变。

2. 渐变颜色可以通过颜色面板修改，也可用拾色器拾取。

3. 制作阴影时，先复制粘贴一个图形在下方，再填充黑色、羽化、调整属性即可。

4. 制作反光面时，创建剪切图形，再填充白色透明渐变即可。

4.3 图层蒙版

本节介绍图层蒙版的相关知识，并借助透明蒙版的制作技巧来加深理解。

本节知识点

◆ 如何利用透明蒙版来制作倒影。

◆ 如何创建蒙版的形状。

◆ 如何调整遮挡面积。

下图中已经把做好的牌子放在背景上了。

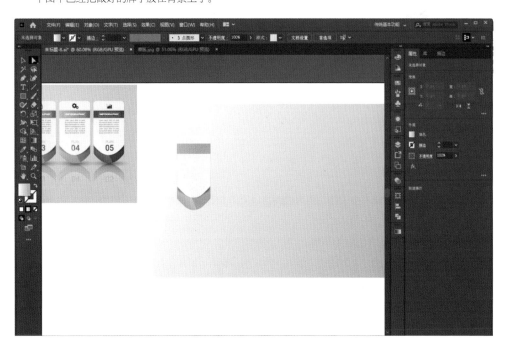

利用透明蒙版来制作倒影

现在牌子的立体质感还不够明显，制作一个倒影，效果就会更好。如何制作倒影？首先想到的是镜像复制。选择镜像工具，单击底下的交叉点设置为轴心点，镜像复制一个。

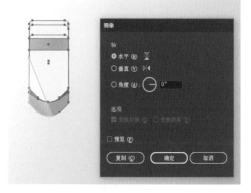

复制好之后，将镜像得到的图形打包编组，方便图层蒙版对这个包进行遮挡。

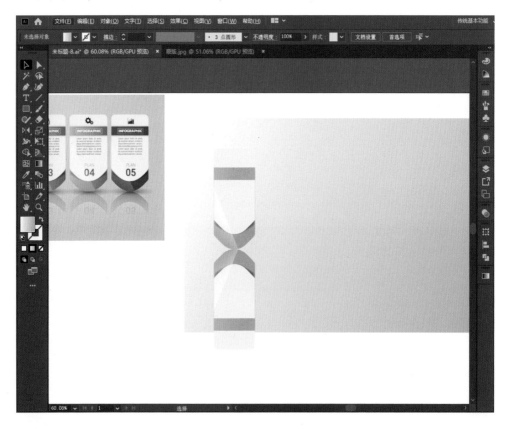

创建与编辑蒙版

图层蒙版怎么创建，创建了之后怎么遮挡？这个时候需要提前设置。如选中这个图形进行复制，再对打包的编组添加一个图层蒙版。

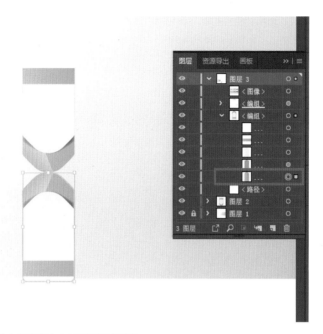

打开窗口菜单，单击透明度命令打开透明度面板。

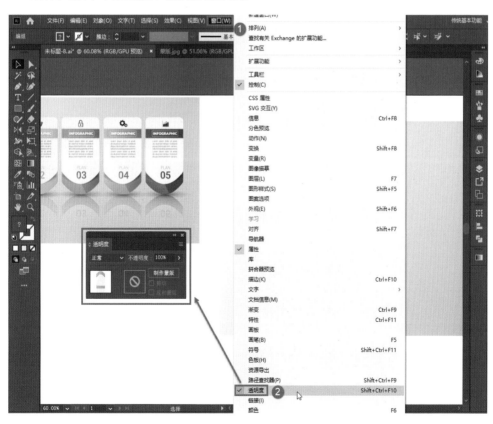

给物体添加蒙版需要首先选中物体，然后单击该面板中的制作蒙版按钮。

这个时候要注意，新蒙版默认为黑色，而黑色为遮挡区域，白色为显现区域，所以会发现编组看不见了。

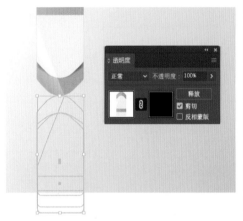

如何编辑蒙版，这也有一点小技巧。单击透明度面板下的小方框，单击后会发现方框周边有蓝色的高光，显示蓝色边框的则为当前编辑对象。当蓝色边框在左边的时候表示编辑物体，蓝色边框在右边的时候表示编辑蒙版。

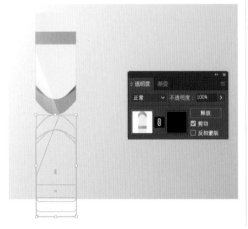

在选中编辑蒙版的前提下，把刚才复制的对象粘贴在前面，按照这样的形状产生遮挡。

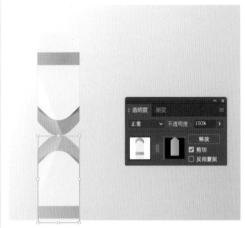

粘贴后是默认的黄色，从浅黄到深黄的过渡效果。遮挡需要黑色和白色，所以现在要更改颜色。找到色标，将左边改为黑色，右边改为白色。这样就产生了从左到右的遮挡效果。左边的黑色完全把物体遮挡住，而右边的白色表示显示物体。

调整遮挡面积

更改渐变的角度，除了用渐变工具改变方向以外，还可以直接通过渐变面板更改角度，将其改为90°，就产生了上下渐变的遮挡效果。

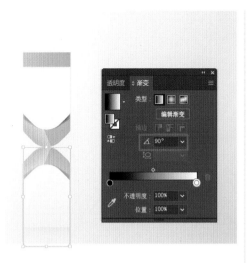

如果对渐变遮挡的位置不满意，还可以更改黑色所占的比例。

把黑色的色标往右拉，被遮挡的部分就更多了。这样渐变的遮挡效果就不错了，但整体上还是有点亮，可以退出蒙版，然后调整对象的透明度。这个时候需要注意编辑的是蒙版还是物体。（遮挡物体：调节蒙版黑白来控制。透明度：调节物体来控制。）

找到透明度面板，蒙版还是处于蓝色高亮选中状态，也就是说现在还在编辑蒙版，如果这个时候改透明度，那改的就是蒙版的透明度。先单击选中左侧方框，然后才能改变对象的透明度。

透明的蒙版就制作好了。

下面总结透明蒙版的制作和生成步骤。

（1）选择一个对象物体。

（2）找到生成蒙版的图形和透明度面板。

（3）单击制作蒙版按钮。

（4）单击制作蒙版之后不会默认进入蒙版编辑，而是需要单击表示蒙版的区域，有蓝色高光框中蒙版区域才可进行编辑。

前面4步完成后，接下来就是实际的编辑过程。

TIPS

之前的操作是复制了一个图形，因为形状一样，然后填充了黑白渐变。这个也是看个人的习惯，也可以直接画一个矩形，再添加黑白渐变产生遮挡。

　　在制作蒙版的时候，在蒙版上画东西都是表示遮挡，所以要记住当需要退出蒙版的时候，要单击选中透明度面板的表示对象物体的方框，让蓝色的高光显示到其外围边缘。

本节复习要点

蒙版创建流程：

（1）选择倒影对象，镜像复制。

（2）找到透明度面板制作蒙版。

（3）在蒙版下编辑图形及黑白颜色，调整遮挡区域。

（4）选择对象物体调整倒影透明度。

网格渐变

本节讲解网格渐变的相关知识。掌握好网格渐变之后，可以绘制出各种各样的颜色过渡效果。

本节知识点

◆ 铅笔工具的使用及其特殊属性。

◆ 如何绘制出丰富多彩的颜色渐变效果。

◆ 绘制不规则图形的方法。

　　下图中有几种水果。平时在画水果的时候，如何能画得比较好看？不能只画出水果的形状，如西瓜就画个圆圈，西瓜是绿色，就填个绿色，那就是一个平面的感觉，没有立体的质感。

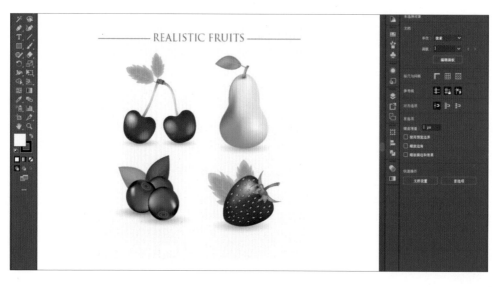

要表达立体的质感，就需要有亮和暗，而且不是一块亮斑，一块暗斑，需要有平滑的过渡，因为水果的表面很光滑。如果单纯地用渐变能行吗？如果不行又如何解决？

现在先尝试单纯的渐变。画一个梨子，这个梨子外形有曲线的变化。先把梨的形状画出来，用铅笔工具。选择铅笔工具后，先沿着它的边画，最后回到起始端有个小圆圈，单击闭合路径。

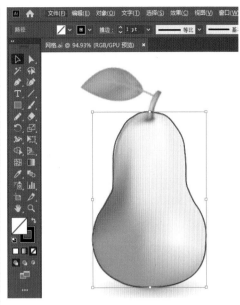

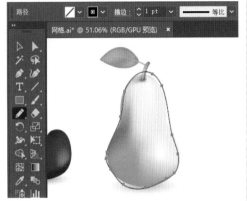

画好之后有些地方特别难看，使用铅笔工具的自动修复功能，对不满意的地方再画几笔，调整一下形状。

为什么不用钢笔工具绘画？虽然钢笔工具画得很精准，但是画梨的时候不需要很精准，对于这些不需要很精准的图形，就可以使用铅笔工具，可以做到随时修改，而钢笔工具修改起来就很麻烦。

（铅笔工具：快速绘制，可自动修复。钢笔工具：精确绘制，不易于调节。）

梨的外形画好之后，首先使用渐变试一下效果。打开渐变面板，渐变的颜色用拾色器拾取。

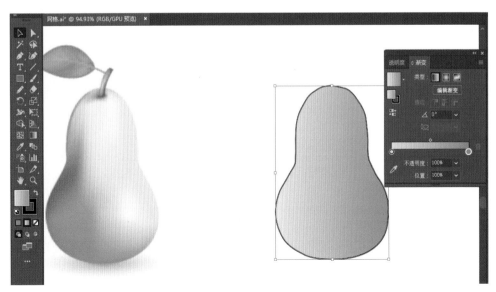

这种效果不像一个梨。还有一种一圈一圈的渐变，可以在渐变面板的类型中选择径向渐变尝试。（线性渐变：一条一条过渡。径向渐变：一圈一圈过渡。）

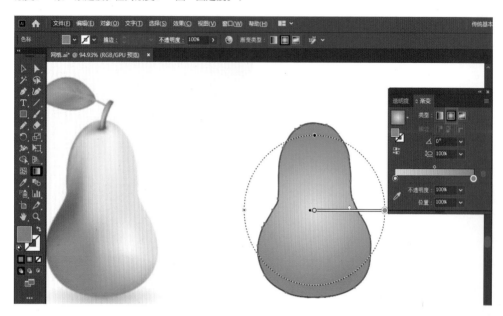

无论怎么改变渐变方向，也只能生成由亮到暗的一圈一圈的过渡，依然不能实现想要的梨子的效果。

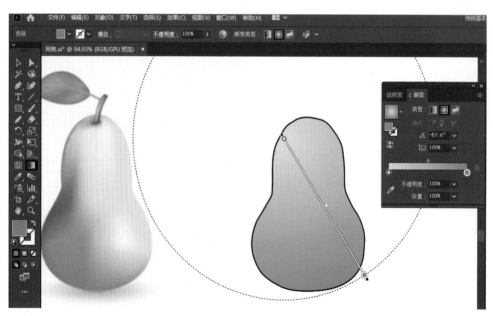

下面演示网格渐变如何使用。

首先确定一个基准色调，用吸管工具在梨子上拾取一个不亮也不暗的颜色。

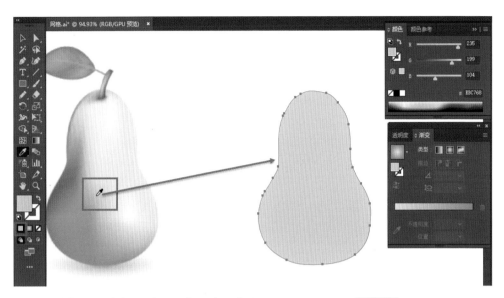

确定梨的右面是高光面，左面是暗面。如果有一定的绘画基础应该知道，在暗面有一个反射的彩色效果。在亮面也会有环境颜色的映射。如此丰富的颜色该如何控制？

首先找到网格渐变工具，实际上就是网格工具，而还有另一个工具叫作矩形网格工具，这两个工具很容易搞混。网格工具能产生渐变的颜色效果，可以理解为网格渐变；矩形网格工具是直线段工具下的工具，可以理解为表格工具。

单击网格工具，选择对象，然后在梨中间单击确定一个点。这个点也不要随意选，它是一个非常关键的控制点。

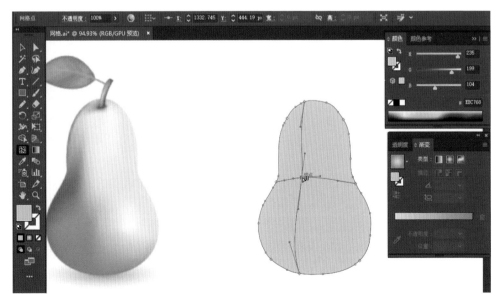

添加完一个控制点之后，网格工具最关键的属性就出来了。在默认情况下它会保留上次使用的颜色，所以现在看上去像一个平面，没有任何颜色的过渡变化，接下来改变它的颜色。在操作的时候注意一下，是不是只选择了这一个点，使用小白单击该点，若其他的地方都是空心的，就行了。

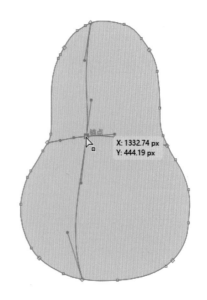

如何调颜色？有很多种方法。如找到颜色面板，通过 HSB 模式进行调整。中间的这个点是关键控制点，在这个点左边都是暗的，往右边都稍微偏亮。选中这个点，调黑、调暗或者使用吸管工具拾取参考对象的颜色。

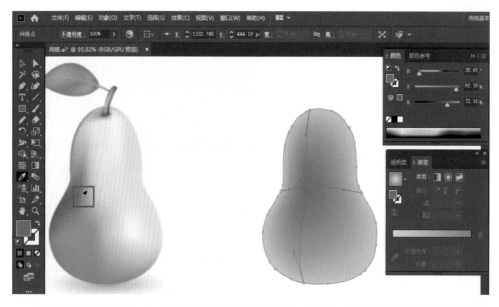

网格渐变不像线性渐变一条一条过渡，也不像径向渐变一圈一圈过渡，它的渐变是由控制点的颜色过渡到四周。（线性渐变：一条一条线性过渡。径向渐变：一圈一圈径向过渡。网格渐变：由单点向四周过渡。）

颜色从控制点往四周过渡，即是 4 个方向的颜色渐变。看参考图形，往右是比较亮的，怎么做才能压住暗边，不要过渡出来？方法非常简单。再次找到网格工具，找到暗点往右，单击添加一个关键点。（在前一个点的网格线上添加平行点调整颜色。）

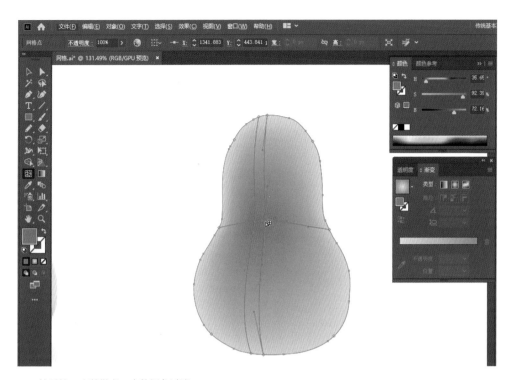

然后给一个稍微亮一点的颜色过渡。

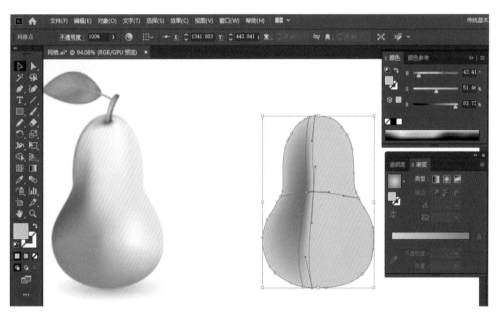

这样，暗边就已经压住了，压住以后往右边全部都保持亮色。如果觉得过渡太生硬，可以把线条稍微挪出来一点。用小白选中这个关键点很不方便，一般使用套索工具来选中它。

使用套索工具，画一个圈就可以把关键点选中，并按右箭头键调整该点位置。将另一个点也选中，按左箭头键调整位置。这样，中间的过渡就会显得柔和很多。

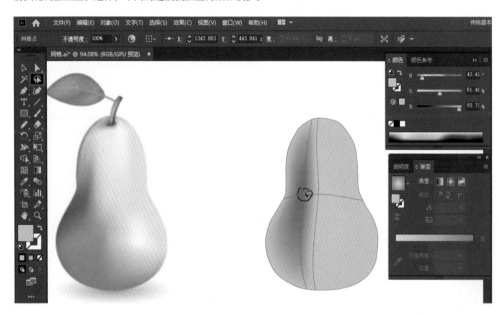

亮面和暗面过渡到这里还不够，可以用刚才讲过的方法，再添加控制点。

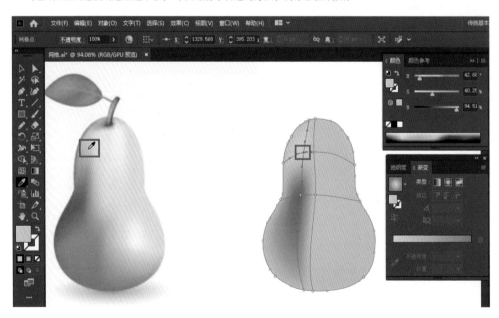

往下一点的地方有一个反彩色的效果，选择网格工具，在下图所示的位置添加一个点，然后拾取设置颜色。过渡效果基本上就出来了。

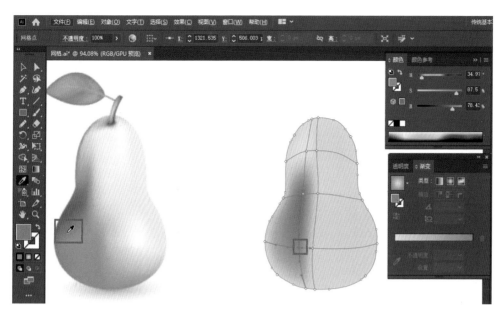

左侧一条边的颜色都是比较暗的。使用套索工具，把这几个点都选中，设置成比较暗的颜色。

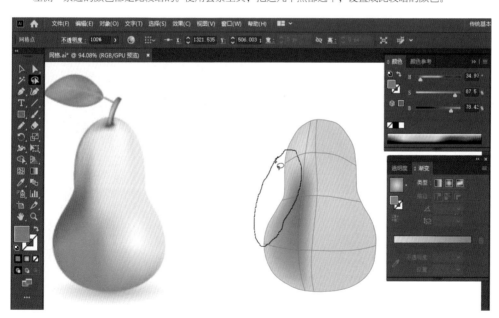

再调节一下每个点，使过渡更自然。

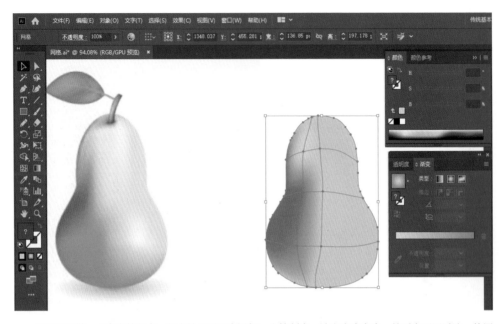

　　右下角要做一个高光的斑点，其实就是需要多添加一个控制点，让它产生高光，然后向四周过渡。使用网格工具添加一个控制点，先做一个比较亮的光斑，再调整控制点的位置。

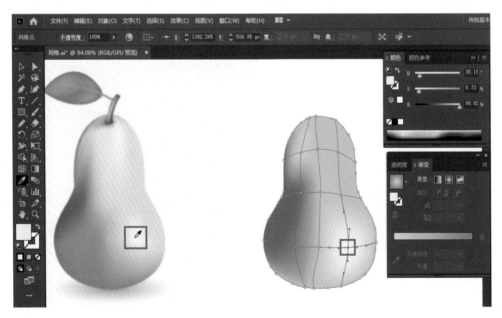

　　右边还需要泛青色的效果，选中下图所示几个点，选择一个偏青绿的颜色添加过渡。

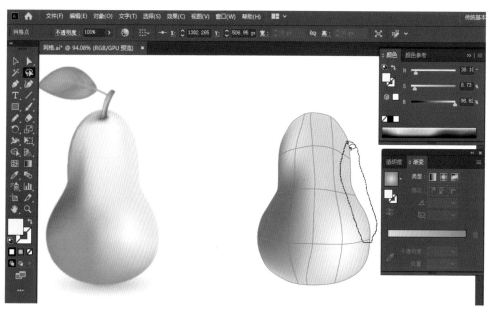

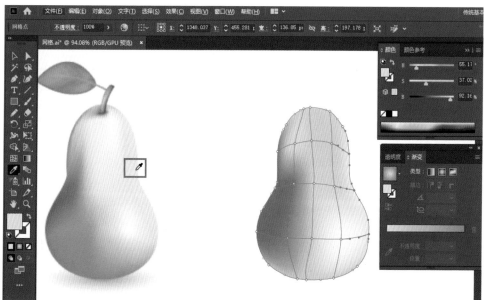

操作到这里，一个立体质感比较好的、具有明暗变化的渐变网格效果就已经出来了。

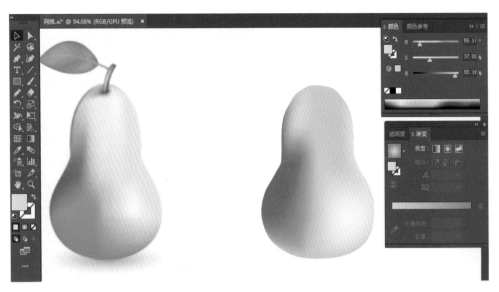

绘制到这里结束，补充一个非常实用的小技巧。除了可以使用铅笔工具绘制梨这种不规则形状的物体外，还有一个工具也经常用来绘制不规则的形状，就是工具栏中画笔工具组中的斑点画笔工具。

因为需要边缘非常平滑，所以要改一下它的参数值。把保真度的滑块向平滑一边调到最高，然后调节画笔大小，注意不能太大，不然圆圈和圆圈之间会产生尖角，非常难看。

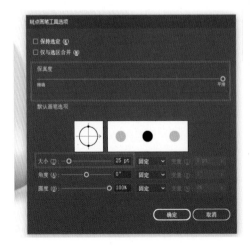

下面用斑点画笔工具画一个梨。使用涂抹的方法抹出一个路径，得到梨子大概的形态。抹完之后松开鼠标会有一个自动平滑的过程。

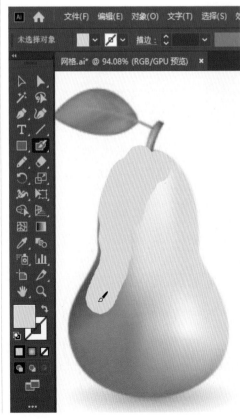

这样就得到了梨子的外形，过渡也非常自然。

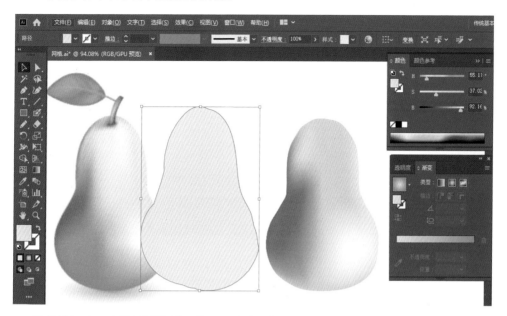

讲到这里，在 AI 里绘图经常用的几种工具已经介绍完了，例如能精准绘图的钢笔工具，有自动修复能力的铅笔工具，还有以面积来生成外围路径轮廓的斑点画笔工具等。填色的几种方法也都全面介绍了，包括单色的填充，渐变的填充，渐变网格的填充等。以后无论画什么样的形状，绘制什么颜色效果，都可以完成。

本节讲到这里就结束了。下一节讲解画笔笔触的应用，掌握了画笔笔触的应用之后可以大大提升工作效率。

本节复习要点

1. 可以用铅笔工具、钢笔工具、斑点画笔工具来绘制不规则图形。

（1）铅笔工具：用于快速绘制外形不需要很规则的图形，易于调整修改。

（2）钢笔工具：用于更精确地绘制特定物体的外形。

（3）斑点画笔工具：通过涂抹，以面积自动平滑外围路径的方式得到图形。

2. 填色的方法包括单色、线性渐变、径向渐变、多色网格渐变等。

3. 用网格工具添加控制点来调整物体多个颜色过渡。

4.5 散点画笔

本节讲解 AI 的散点画笔。散点画笔，单从名字上理解非常抽象。可以想象一个矢量的场景，天空中需要绘制几只鸟，如果只需要画三五只鸟，可以通过复制再调节大小、旋转得到，如果需要画几十只鸟，或者一大片草地，如何绘制？这个时候可以通过散点画笔，一次成形。

本节知识点

◆ 散点画笔的应用

下图这个画面是一个野外的场景。地上只有一棵草，现在需要用这棵草生成一大片草地。

如果复制一棵两棵还可以，但是要复制一大片，就会很麻烦，而且草的大小还不能一样，逐个复制调整相当费时费力，这时就要用到散点画笔。

先选中这棵草，打开窗口菜单，单击画笔命令，打开画笔面板。

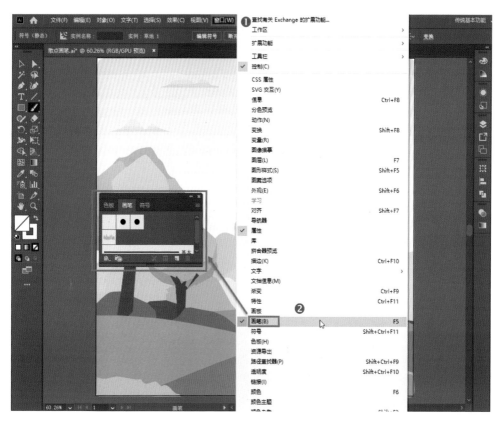

将已经画好的这棵草拖到画笔面板当中，会弹出一个对话框，画笔不仅有散点画笔，还有很多其他画笔。下面先来研究什么是散点画笔。

单击散点画笔，单击确定按钮，弹出散点画笔选项对话框。建议先保持默认设置，直接单击确定按钮，先看看效果。没有效果，是因为现在只是定义了一个散点画笔，还没有用。如果需要使用，首先需要在画面中绘制一条路径。

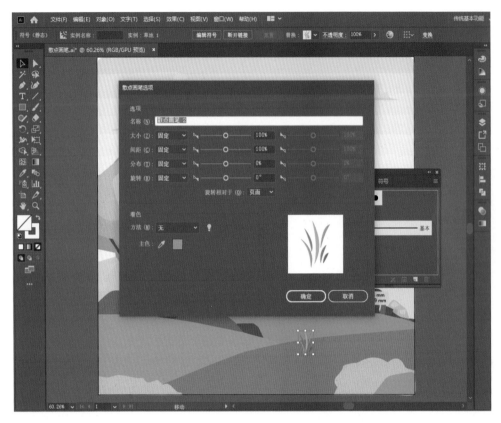

使用铅笔工具随便画一条路径，然后单击画笔面板中的那一棵草。单击之后，草就种上去了，但是草的大小和颜色都没有变化，这跟复制没有区别。

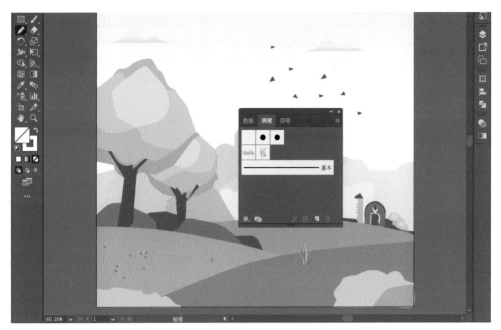

这是因为刚才弹出的散点画笔选项对话框还没有设置，以上操作只是看一下散点画笔是什么效果，原来散点画笔就是沿着路径排布这些定义的元素。接下来了解一下散点画笔有什么属性。

双击画笔面板中定义的散点画笔，可以再次打开散点画笔选项对话框。里面有 4 个主要选项：大小、间距、分布、旋转。大小就是改变元素的大小；间距就是排列的元素的距离，每隔多少距离排列一个元素；分布就是沿着路径贴得紧密还是分散；旋转就是旋转成不同的方向。

调节大小参数值，元素全部都一起变大变小，怎么才能做到有大有小，也就是随机效果呢？在大小旁边有一个下拉菜单，打开下拉菜单，选择随机选项。选择随机选项之后，旁边的滑动条就亮了，可以在这个大小的范围内调整随机效果。

间距也可以随机，让草在有的地方长得多，有的地方长得少，这样更接近自然界的真实状况。

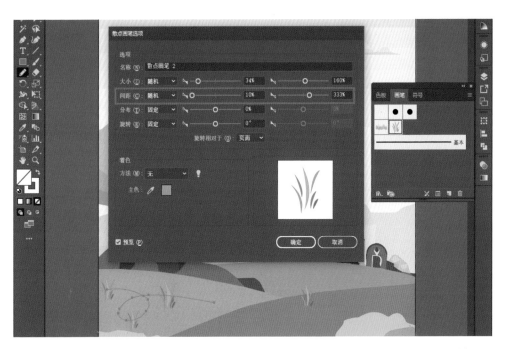

如果分布不做调整，就是沿着路径走。如果分布也选择随机，可以沿着路径随机分布元素，这样会更加散乱，在这个案例中正好需要这种散乱的效果。

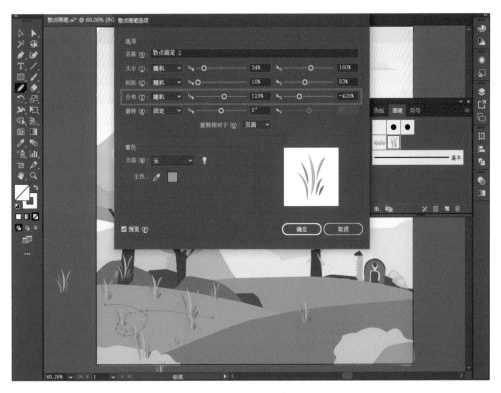

因为草不需要朝各个方向生长，因此旋转就不需要调整了。

还有一个颜色的问题，这棵草的颜色是绿色的。在着色中，着色的方法是无，着色的主色是绿色。可以用吸管拾取任意颜色作为主色，但这个画面只有一个绿色调，如果定义的对象有各种各样的颜色，就可以指定哪个颜色为主色。现在不用调整，因为这个草就是绿色，选绿色为主色就可以了。

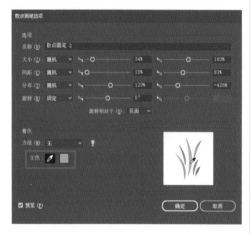

没有颜色的变化，是因为现在的着色的方法是无。打开方法的下拉菜单，里面除了无，还有色调、淡色和暗色、色相转换这3种着色方法。

这里需要根据描边颜色替换当前绿草地的颜色，所以选择浅色和暗色这个着色方法。单击确定按钮，系统弹出一个警告对话框。

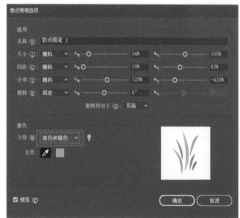

提示说这个画笔已经在画面中使用了，刚才调整的参数需不需要应用，单击应用于描边按钮，可以看到草地颜色就改变了。

为什么会变？因为描边颜色不是绿色。找到描边颜色，可以随意地更改。这样就可以根据描边的颜色调整需要的效果。

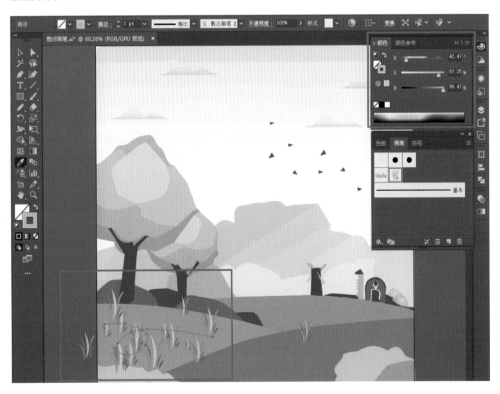

使用铅笔工具再画几条路径，再单击应用画笔，这样整个画面就布满了草。

画面中还有一些问题，一些草跑出到画面之外，而且草应该有近大远小的层次，远景处的草应该小一点。如果只把大小调小，这样全部草都在变小，这样是不行的。

现在讲一个非常关键的关于散点画笔的应用效果。按住 Shift 键把刚才画的路径选中，这些草的大小不需要再改变。画面外的草需要删掉，但是目前还删不掉，因为选择的是一个路径，如果删除了，路径和草全部都会被删除。

打开对象菜单，单击扩展外观命令。可以看到，草实际上是由 3 条路径绘制出来的。

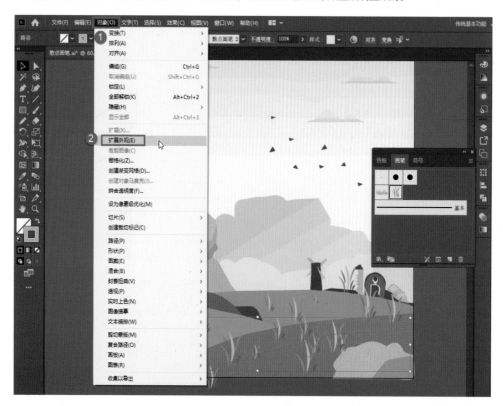

下图为扩展完之后得到的效果。每一棵草都独立出来了，变成一棵一棵的。

单击左边的一片草，它是一个整体，是一个编组，取消编组，将不需要的草删掉。还有一条路径没有扩展外观，画笔的效果是应用上去的。如果现在调整画笔的参数值，就只会作用在这条路径上面，不会作用到其他地方。

这个地方属于远景，所以这些草需要小一点。把大小参数值调小，应用画笔，这样草地就构建完成了。

本节讲到这里就结束了，通过这一节的学习，读者能了解到如果需要绘制大量的、具有重复性，而且还有一定随机大小、角度，颜色随着描边变化的效果时，统统都可以用散点画笔来完成。下一节介绍另外一种画笔——图案画笔的神奇用法。

本节复习要点

1. 根据画面布局，逐步调整散点画笔属性的各项参数值。

2. 如果需要改变路径细节，需打开对象菜单，单击扩展外观命令进行调整。

4.6 图案画笔

本节讲解图案画笔的使用技巧。掌握了图案画笔之后，就可以画出非常丰富和漂亮的花纹图案效果。

本节知识点

◆ 如何利用画笔工具绘制好看的图案。

◆ 怎样生成连续闭合的圆形图案。

下面这个画面看起来非常复杂。

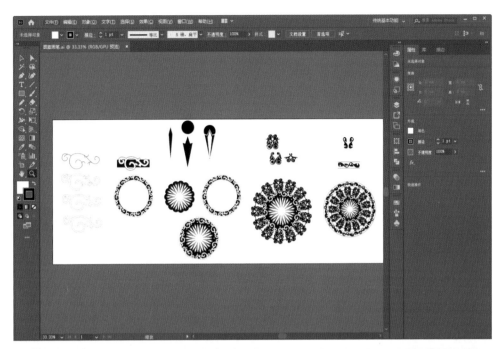

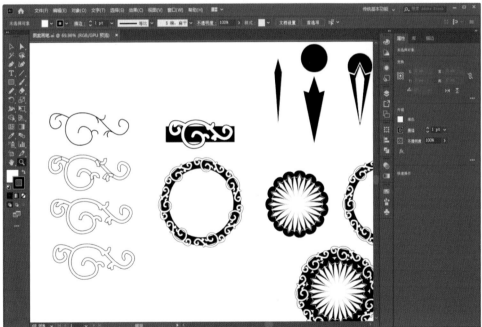

　　现在将它分解一下，可以发现这些图案都是由上图左边这种基本图案构成的。下面这个图案是如何制作的。本节主要讲的不是如何画出扭曲的螺旋线，主要是讲图案画笔。像这样的图案可以用多种方法去做，这个螺旋线可以用铅笔工具绘制，再用铅笔工具修改即可，此处不再赘述。

将这个对象加粗。

这还只是一条路径，如果直接做联集，路径查找器会将其他地方直接闭合形成面。所以，需要先将路径转换得到面。

上节介绍散点画笔时提到过扩展外观。一条路径上有草，但是草的面积是没有的，通过扩展外观就得到了。同样地，路径也可以通过扩展得到面积。选中刚才画的路径，再打开对象菜单，单击扩展命令。弹出扩展对话框，单击确定按钮。

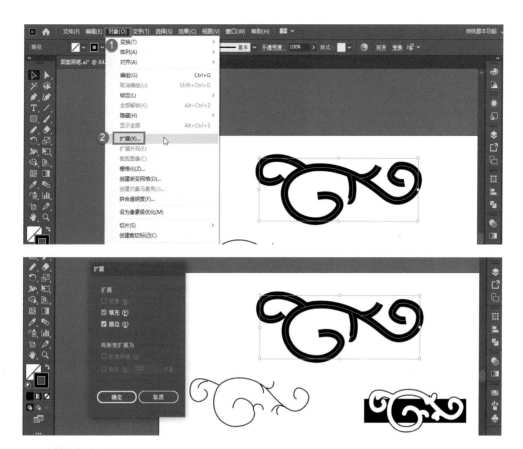

这样就能看见这个面了。

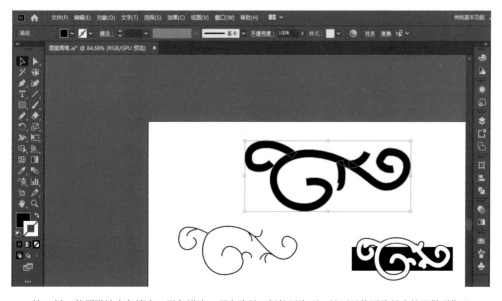

按 D 键，使用默认白色填充，黑色描边。现在路径已经扩展为面，就可以使用路径查找器做联集了。

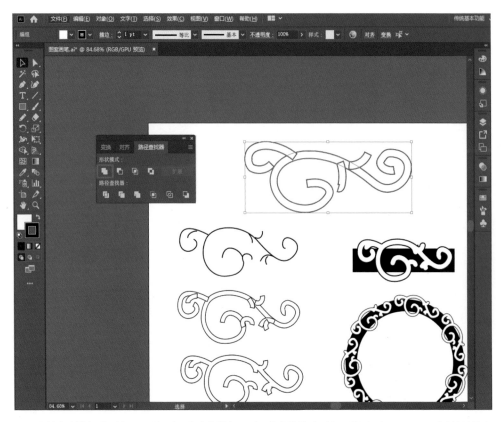

绘制成这样之后，外观还不好看，有太多棱角，需要将其转换成圆角。使用平滑工具，通过涂抹让其变得平滑。

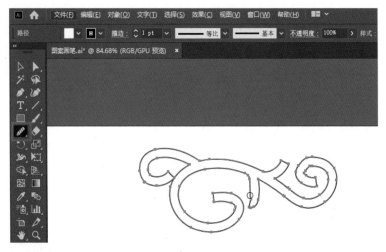

这个图案是随意创作的，如果想要得到各种各样好看的图案，也可以自己用任意的工具进行绘制。不一定要用铅笔工具，也可以用斑点画笔工具、钢笔工具。

涂抹结束以后，在底下画一个黑色的矩形，主要是为了让图案看起来更加丰富、有意思。打开画笔面板，把它拖进面板，定义成一个画笔。

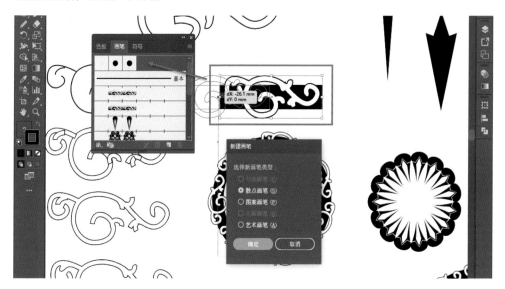

试一下散点画笔会得到什么样的效果，先不改变参数值，直接单击确定按钮。绘制一个圆。然后单击刚才定义的散点画笔，会呈现如下效果。

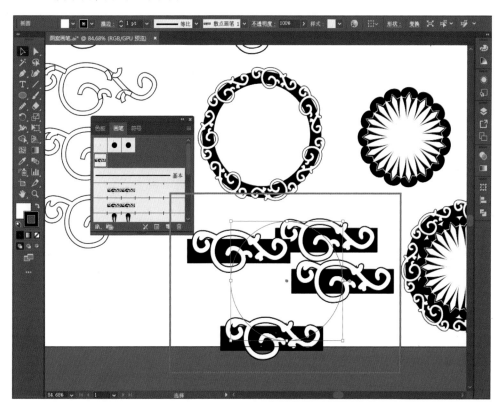

　　这就是散点画笔的特点，它可以沿着路径重复排列画笔定义的元素，但是并不会沿着路径让元素产生形变。（散点画笔：沿着路径重复排列定义元素，但不会沿路径让元素产生形变。）

　　如果要得到像画面上方这样的花纹效果，该如何办？把画笔再定义成图案画笔，同样不修改参数值，直接单击确定按钮。

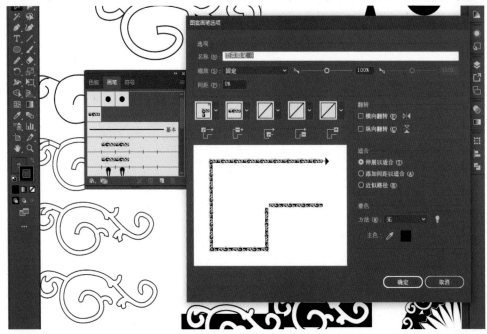

　　将刚才的圆复制一份，单击刚才定义的图案画笔，效果如下。

　　总结一下这两个画笔的异同。散点画笔和图案画笔都会让定义的元素在路径上重复出现。不同点就是散点画笔不会改变元素形状，而图案画笔会沿着路径让元素产生形变，而且会正好与路径匹配，能被路径整除。如果不能整除，有一个默认的选项可以让它进行简单的拉伸，以匹配整条路径。（相同点：都会沿路径重复定义元素。不同点：散点画笔不会改变形状，图案画笔可以使定义元素发生形变，沿路径重复正好匹配这个路径。）

　　图案画笔除了能让元素产生形变，以匹配路径外，还可以调整元素出现的个数。双击打开图案画笔选项对话框。在设置中间距可以调节得紧密一些，让元素出现的个数变得更多。

　　缩放参数，定义画笔的大小，调小画笔，元素出现的个数就变多了。无论画笔大小的参数值修改为多少，元素的个数都是整数。在右侧有一个适合选项组，默认选项就是伸展以适合，如果元素不能被整除，就会被拉伸出一点，以匹配路径。

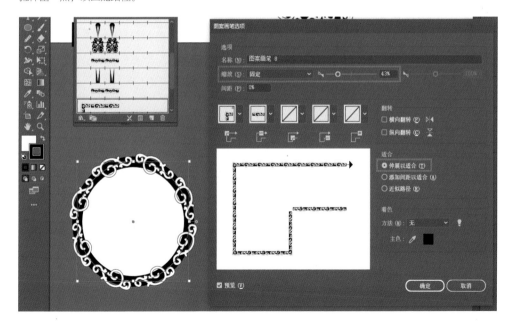

通过刚才调节图案画笔的方法，完成了花纹的绘制。其他的花纹全部都是用类似的方法绘制的。

这个图案由 3 个基本图形组成，把第一个填充为白色放在中间，然后再用第 1 个和第 2 个图形叠加起来的图形与圆做减法，就看可以得到减出图形的效果。

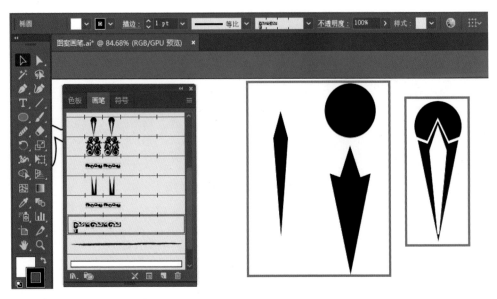

然后把这几个对象垒在一起，定义成图案画笔，应用在一个圆上。

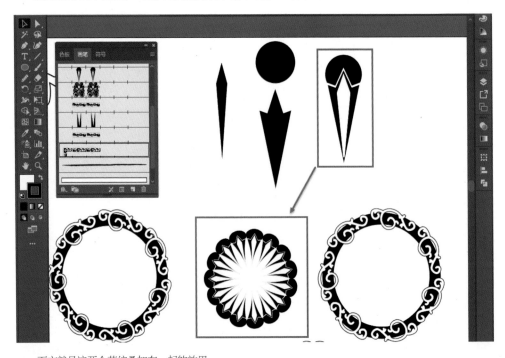

下方就是这两个花纹叠加在一起的效果。

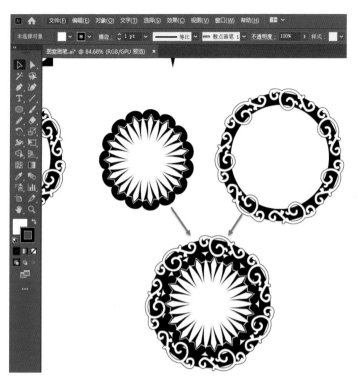

后面的图案是在草稿纸上画好之后扫描使用的，读者也可以自己在纸上随意绘制一些图案，拿来定义成图案画笔使用。

下图中大图外面一圈花纹是用定义的图案画笔绘制的。

为了让整体更好看，下图中定义了一个燕尾状的图案画笔，并用该图案画笔在外围绘制一圈。

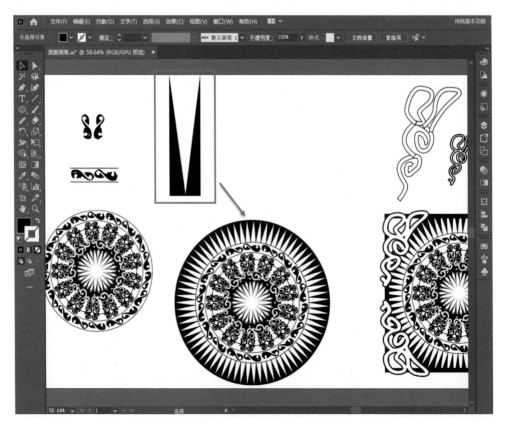

图案四角的这个方块如何做？先取消编组，然后外围再加了一个框。光加个框并不好看，所以做了一些小装饰，这4个装饰其实是一个对象复制镜像出来的。

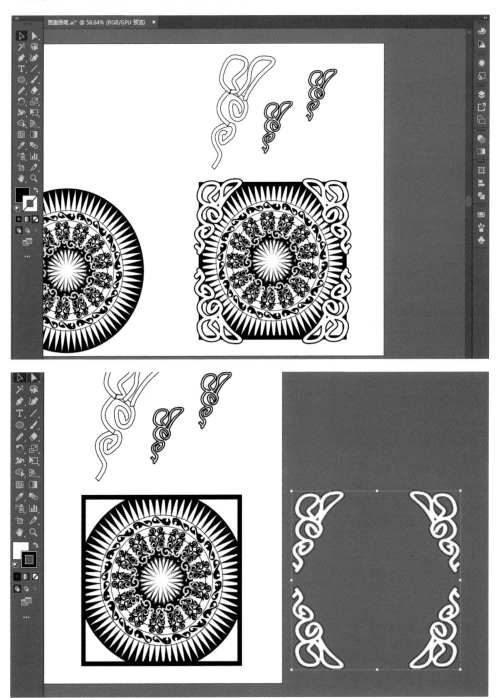

用铅笔工具画 4 条线，堆在一起之后做了联集加法运算，就得到了这样的图案。

图案画笔不只是可以应用在圆上，任意绘制的一条线都可以应用。如用铅笔工具画了一条线，再单击应用定义的画笔，都是可以应用上去的。

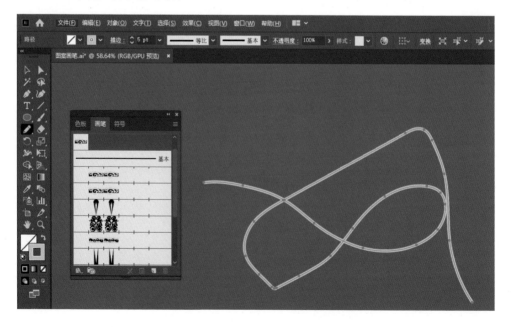

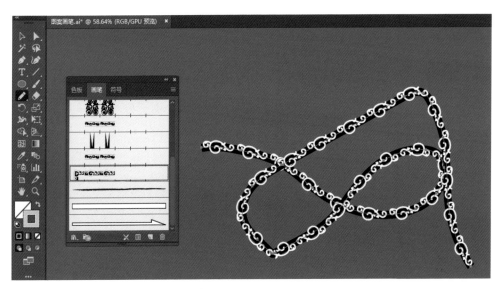

本节讲到这里就结束了。通过本节的学习，希望读者可以发挥自己的想象力，用多种绘图工具，包括手绘，去创作出想要的图案和花纹。下一节会介绍混合工具的使用方法。

本节复习要点

使用图案画笔绘图流程：

（1）用绘图工具绘制形状路径，描边用扩展命令扩展路径，填充描边后用路径查找器进行布尔运算，创建符合图形，最后使用平滑工具平滑尖角。

（2）定义绘制好的图案为图案画笔。

（3）创建路径，单击定义好的图案画笔，调整大小。

4.7 混合工具的使用方法

本节介绍混合工具的使用方法。掌握了混合工具的使用方法后，就可以生成很多的过渡形态。这里所说的过渡不是之前讲的渐变和渐变网格的颜色过渡（当然颜色也可以实现），而是形状的过渡，并且还可以让过渡沿着某个路径对象排列。

本节知识点

◆ 如何快速绘制一个立方体。
◆ 如何混合过渡两个颜色大小不同的图形。
◆ 怎样让混合的图形沿指定路径排列。

这个画面中间有几个立方体。如果用普通的方法绘制一个立方体，然后复制、旋转、填充不同的颜色，也没有办法做到这么自然的颜色过渡。那么这个效果如何生成？

首先绘制一个小的立方体，然后复制一个大的立方体在最前面。给小的立方体设置一个颜色色调，给大的立方体换一个颜色色调，并且稍微旋转一些角度，然后使用混合工具直接生成过渡的结构。

绘制一个立方体。先绘制一个多边形，按住 Shift 键绘制成正六边形，然后按 D 键使用默认白色填充，黑色描边。接下来使用直线段工具，从中心点绘制一条线段，绘制的时候从外面往里到正六边形中心，对齐。

选中线段，使用旋转工具，按住 Alt 键，把轴心点定义在正六边形的中心，旋转角度设置为120°。设置120°是因为立方体能看见3个面，360°除以3就是120°。单击复制按钮，再按Ctrl+D组合键再次变换。

选中3条直线段和正六边形，再使用路径查找器进行分割，这样立方体就出来了。

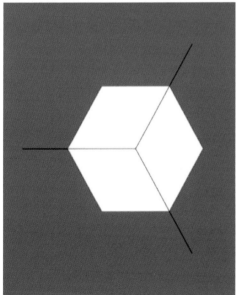

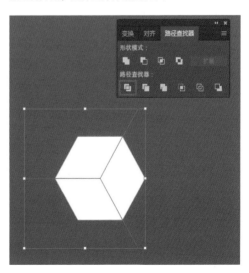

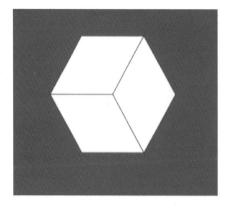

不取消立方体的编组，双击立方体进入隔离模式，选择单个面调整颜色。立方体不同面的明暗变化效果就出来了。

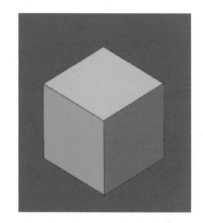

绘制好立方体之后可以填充一些颜色。既然是立方体，就得有亮有暗，首先设置一个基准色调，3个面设置一样的颜色，再调亮暗。找到颜色面板，选取一个淡一点的青蓝色。

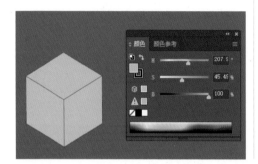

将描边颜色改为白色，描边粗细改粗一点。

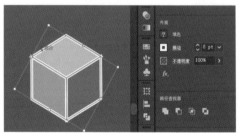

将描边粗细改为8pt之后，会发现立方体的边会多出小尖角。

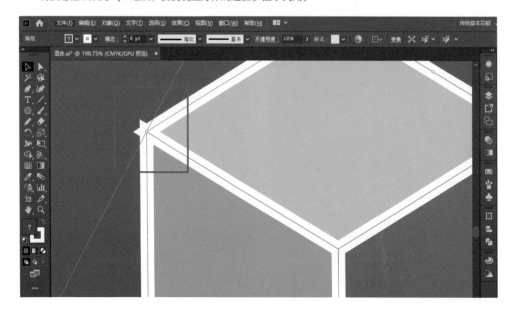

　　这是因为使用钢笔工具画拐弯，要解决这个问题，可以将拐弯的地方设定为圆滑。将描边面板中的边角设定为圆角连接。

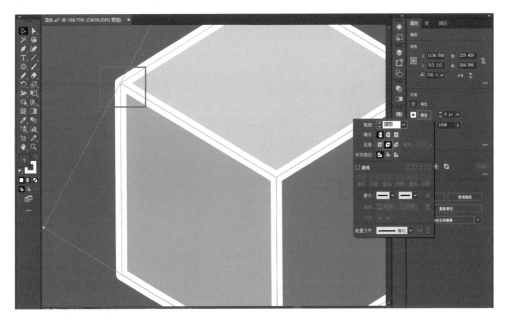

　　将立方体缩小，再按住 Alt 键复制一个，复制的立方体放大一点。更改第二个立方体的颜色为橙黄色，再双击进入隔离模式，对每一个面更改颜色的亮暗。将描边颜色也设置为白色，粗细改为 8pt，描边边角设置为圆角连接。

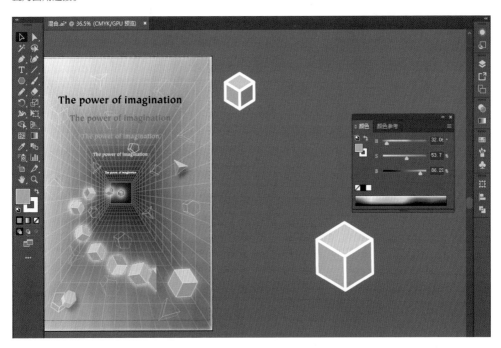

在工具栏中有一个方块过渡到圆圈的图标，这是混合工具，单击混合工具。

在立方体的一个面上单击，再在另一个立方体的一个面上单击，就会生成过渡的效果。但是现在的效果与参考图差别较大，参考图里有沿着一个路径走，而且有旋转的变化。

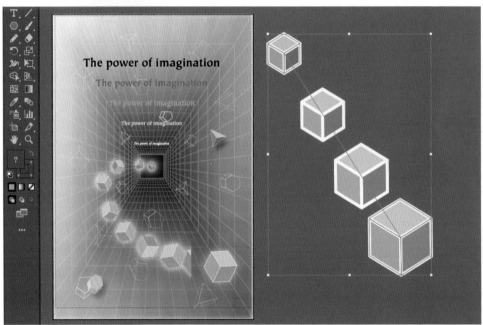

下面介绍如何在生成混合过渡效果之后再进行编辑和更改。

打开图层面板，找到混合对象，会发现它由3个对象构成：第一个是初始的小立方体，第二个是大的立方体，第三个是中间的路径线段。

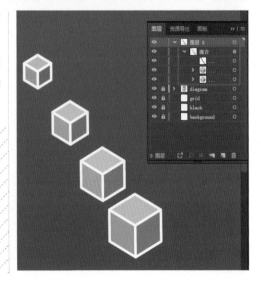

找到第二个大立方体，使用旋转工具，直接拖动旋转立方体，就能形成旋转效果。

单独创建一条新的路径替换原来的路径，可以用铅笔工具也可以用钢笔工具。

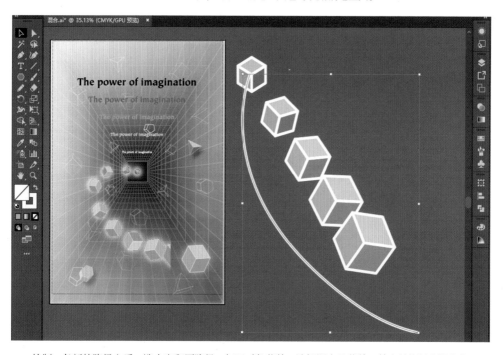

绘制一条新的路径之后，选中它和原路径，打开对象菜单，选择混合子菜单，单击替换混合轴命令。

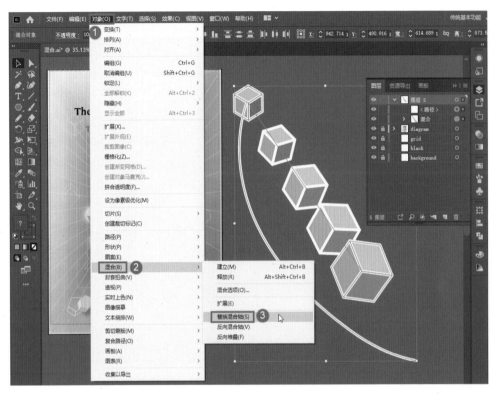

可以看到，混合体已经附着在新的路径上了。

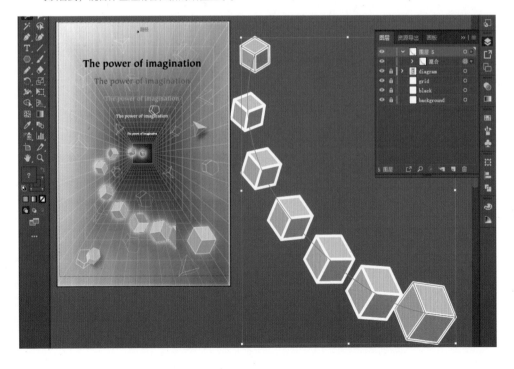

混合体过渡的数量也可以控制。双击混合工具，打开混合选项对话框将间距设置为指定的步数。

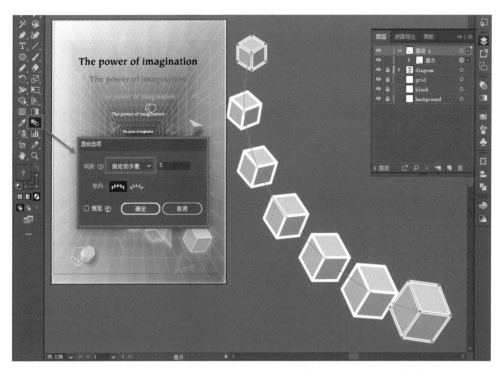

原来的参数值为5，现在改为4，单击确定按钮，这样过渡的数量就少了，立方体的混合就生成了。

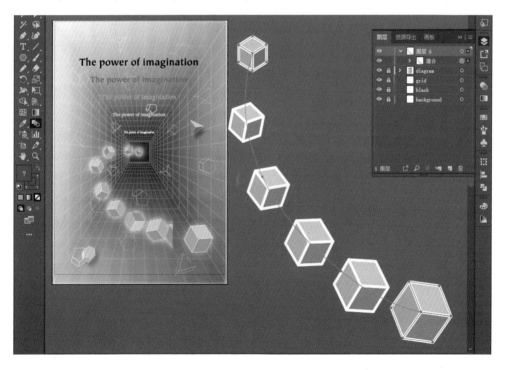

混合工具的用法其实非常灵活，并不是只能混合一个立方体，所有的对象都可以进行混合。

例如下图，其实就是通过两根线条进行混合得到的。

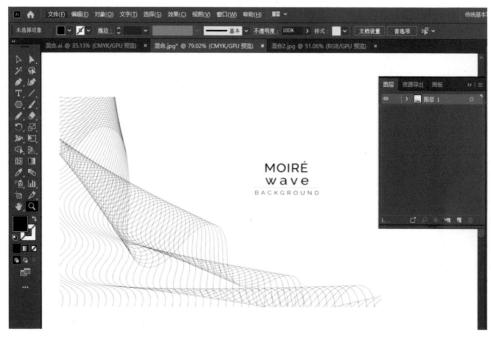

再看下图，它是通过几组颜色不同的线条之间的混合，得到的彩带效果。

这些效果都是通过混合工具实现的。黑白的线条混合，能够看见一条一条的步数，而彩带效果也非常简单，读者可以自己尝试一下，只要把混合步数加大，让一条一条线挨得很紧密，就会形成彩带的效果。

本节复习要点

1. 画一个正六边形，以 120° 三等分画线可以得到一个立方体。

2. 编组对象，双击对象可以在隔离模式下编辑单个对象属性。

3. 选择两端的物体，双击混合工具可以选择渐变混合步数。

4. 如何创建新的路径替换已生成的混合路径。

4.8 符号与剪切蒙版

如果没有很强的绘画功底，又需要很多的元素怎么办？AI 里的符号工具提供了很多矢量图元素可供使用。本节讲解符号工具的使用方法。

本节知识点

◆ 符号编辑器的应用。

◆ 剪切蒙版的应用。

下图这个画面中少了一些元素，这些元素要自己绘制并不容易，可以借助系统自带的、绘制好的图形，也可以去网上下载各种各样的图形。

打开窗口菜单，选择符号库子菜单，这里有系统收集并整理好的一些元素。

例如单击自然命令，打开自然面板，面板中有很多自然界中常见的元素，可以直接拖出来使用。如果同一元素要画一片，除了可以使用前面讲过的图案画笔工具，还可以使用符合喷枪工具。

在工具栏的更多工具中，找到符号喷枪工具。

单击符号喷枪工具，然后在自然面板中选择一个符号，如选择石头符号。在画面中任意位置。单击，就会出现一个石头符号。

使用符号喷枪工具可以喷出一大堆石头符号，但是它们都是一样大的，有什么调整方法？符号工具其实是一组工具，如果要改变符合的大小，可以使用符号缩放器工具。

单击符号缩放器工具，这个工具带有一个圆圈表示范围，圆圈中越靠近圆心的地方，变化越强烈，越靠近边缘的地方，变化越微弱，也就是说有一个衰减。例如以这个石头为中心，单击并按住鼠标左键。

可以看到，中间的石头变化最大，而越靠近边缘的石头变化越小。这个工具默认只有放大的功能。在 Adobe 所有软件里，都有一个功能键能起到相反的作用，那就是 Alt 键。选择符号喷枪工具，按住 Alt 键单击，就可以把符号变小。

有些石头画好了，需要删掉该怎么办？下面介绍一个很好的方法，可以统一把所有的操作画面外的东西全部裁切掉。

画完石头，再画些树叶，之后再统一裁切。画树叶时新建一个图层，把石头图层锁定，让它不会干扰操作。单击符号喷枪工具，选择树叶符号，单击并按住鼠标左键，将图案喷到画面中。树叶也有大有小，不可能一样大，单击符号缩放器工具，按住 Alt 键把它们部分缩小。

树叶不可能都朝着一个方向，所以需要改变它们的方向。单击符号旋转器工具，选择画面中的符号，按住鼠标左键拖动，树叶就可以朝不同的方向旋转了。

再尝试一下其他的符号工具。如果要做出层次的变化，使颜色有的深、有的浅，可以使用符号滤色器工具。单击符号滤色器工具，再单击画面。在单击过的地方，这些树叶就会变淡。

解锁石头图层，选中这个图层，按住 Alt 键单击石头，就可以得到相反的效果。

可以改变喷枪的范围大小。双击喷枪工具（任意喷枪工具都可以），打开符号工具选项对话框。可以调节喷枪的直径，把它调小。

喷枪的范围变小后，可以比较方便地做出一些虚实变化效果。

到了这一步，还有几个问题需要解决。例如有些石头喷到了天上，如何解决这个问题?

找到图层面板的符号组，它没有结构，符号组就是一个对象，不能将其点开，进而对其中的对象进行单独操作。可以使用扩展，当一个矢量图形不能单独选择一个对象时，就用扩展的命令，得到独立的对象。

打开对象菜单，单击扩展命令。在弹出的对话框中直接单击确定按钮。

符号组变成了一个编组对象，已经不再是一个符号，当然，符号的工具就不能作用在上面了。

它是一个编组，需要取消编组或者进入隔离模式编辑。双击进入隔离模式删除不需要的石头，画面外的石头也可以删掉。如果使用了很多符号，就需要挨个选中，扩展，取消编组或者进入隔离模式，一个一个删除，这样操作太麻烦。

这时可以使用剪切蒙版。剪切蒙版，顾名思义，就是把画面中不需要的部分剪切掉，用蒙版挡住。它也可以还原，并不是真的删除。

下面演示如何操作。确保图层没有被锁定，绘制一个需要剪切的形状。例如在这里绘制一个圆，使用椭圆工具按住 Alt+Shift 组合键绘制一个圆。注意，一定要把这个圆放到图层的最上面。

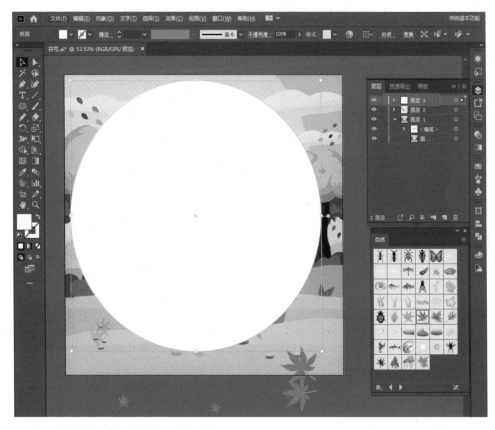

打开选择菜单，单击选择命令，全部选中。

一般做完图都会把所有的东西做一个剪切蒙版，切到某一个形状里面。注意，剪切的形状一定要放在所有对象的最上面。打开对象菜单，选择剪切蒙版子菜单，单击建立命令，或者直接按 Ctrl+7 组合键。

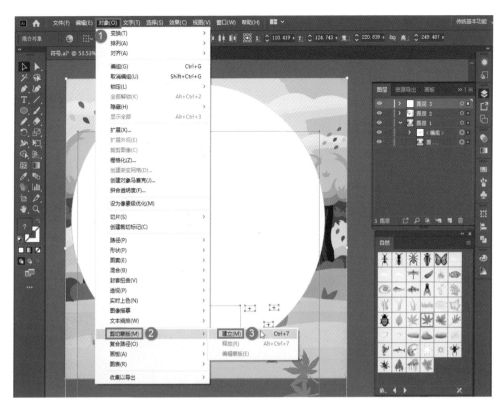

通过剪切蒙版，不管是哪个图层、什么符号、任何对象，都可以拿出来统一做成剪切蒙版的效果。使用蒙版剪切后还可以再次编辑。现在剪切完之后是一个整体，成为一个剪切组。

打开对象菜单，选择剪切蒙版子菜单，单击释放命令，画面就还原回来了。

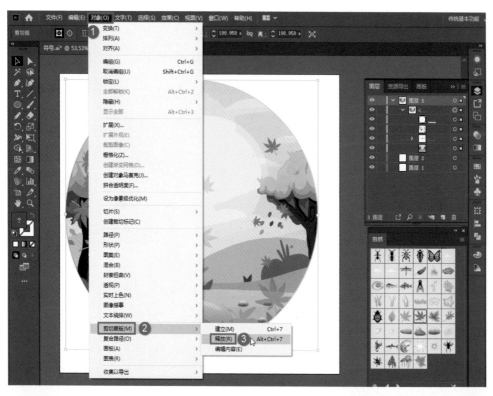

　　平时绘图的时候需要注意，AI 中有画板，画板外也可以放置对象。当我们绘制时，很多时候确实会画到画板以外，因此在最后完成画作的时候，要注意将超出画面的地方删掉。但有些时候删除这些地方是件麻烦事，例如树叶超出画面的一半删除不掉，因为它是一个矢量路径图形。这时一般都会运用剪切蒙版，直接做一个形状，把所有超出画板的部分剪切掉就可以了。

本节复习要点

　　1. 在运用符号编辑器的时候，距离鼠标指针越近的元素所受影响越大。

　　2. 在作品完成的时候，运用剪切蒙版清理最后的画面区域。

第 5 章

3D 特效

我们在前面几章中接触的大多数图形都是平面的，虽然借助阴影和色彩变化可以让画面呈现一定的立体感，但却并非 3D 效果。本章将介绍如何借助 AI 绘制 3D 的画面效果。

5.1 创建 3D 模型

本节学习的是 3D 特效的制作。现在市面上经常看见这种被称为"2.5D 插画"的效果，但其实这些并不是在三维软件中做的，它们完全可以用 AI 里面的 3D 特效来完成。

本节知识点

◆ 如何给平面图形制作 3D 特效。

◆ 怎样调节物体的大小和方向。

◆ 如何设置 3D 物体的受光面。

现在打开的这个画面所呈现的就是一个非常典型的 2.5D 插画的效果。

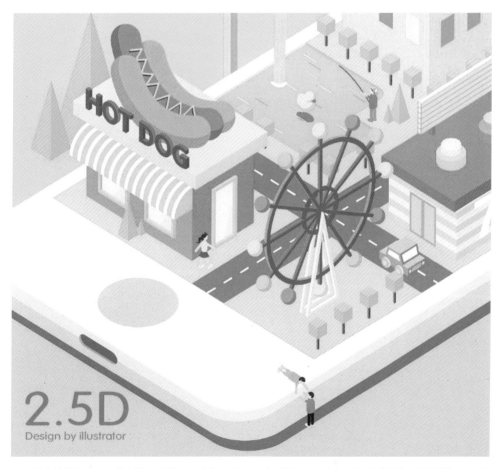

首先从这个房子开始制作。它就是一个长方体。那么可以先画一个矩形，它的颜色可以现在设定，也可以后面再设定。这个颜色将会最终决定物体表面是什么颜色。现在先用吸管工具吸取浅一点的粉色给它填充上。

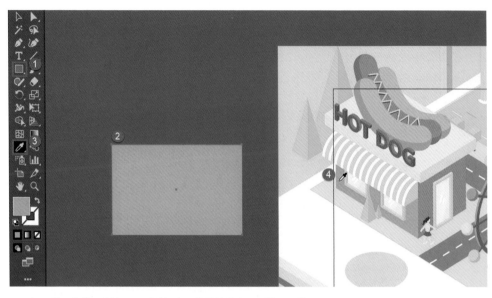

打开效果菜单，选择 3D 子菜单，3D 特效就从这里开始了。单击凸出和斜角命令。

然后会出现一个比较复杂的对话框，可以勾选预览复选框看一下效果。可以发现它已经产生了透视的变化，而且有厚度。那它的厚度可不可以调呢？答案是可以的，有专门的凸出厚度属性来调整，现在的参数值是50pt。

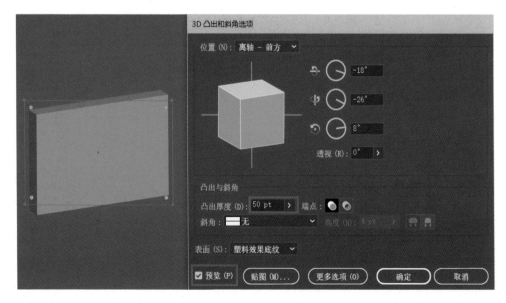

在本案例中，我们希望房子是从底下往上生长，而通过修改这个参数值，发现现在是一个纵向的生长，这并不是想要的效果。但 3D 的立体的结构其实是可以调整的。在 3D 凸出和斜角选项对话框中有一个立方体，可以发现这个立方体除了对着读者的那个面之外，其他几个面都是灰色的，对着读者的那个面就是生长面。将这个面转到朝上，就可以实现从地面往上生长的效果了。有些读者可能觉得这个方向完全无所谓，其实不是这样的。如果只画一个立体盒子，没有任何问题，朝哪个方向都可以，但如果要画一大堆，那最好是统一一个方向，都是从底下往上生长，这样在接下来编辑的时候会更加方便。

下面就把它往上旋转。将鼠标指针靠近这条边，出现上下箭头时按住鼠标左键并拖动，拖动时就会发现它开始往上生长了。

这边的参数最好进行一个整数化的处理，因为将来不只是画一个立方体，而是可能要画好几个这种立方体堆叠在一起的效果。如果不是整数的话，要记住每一个零碎的数据是非常麻烦的。

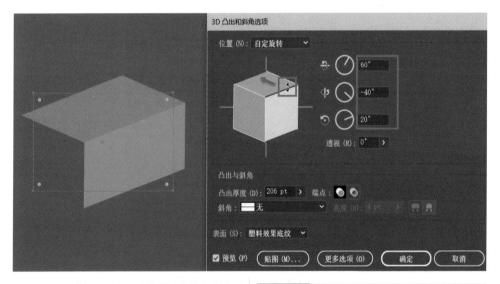

通过整数化设置以后，会发现这个立方体看起来还是一个比较标准的形状。但读者有没有觉得画面不太对劲呢？受光面和暗面的方向是不对的，另外已经生成立方体以后，如果觉得角度不对，想再改一下，要到哪去改呢？可以打开窗口菜单，单击外观命令。

打开外观面板，选择这个立方体以后，可以看到有一个 3D 凸出和斜角的选项。单击该选项，会发现面

板中的立方体变平了。这是因为没有勾选预览复选框，把预览复选框给勾选上，但是光线的角度依然不太对。接下来单击更多选项按钮，会发现立方体的光相关的设置在这里。球面上的点是可以进行拖动调整的，拖动调整后就可以得到需要的光线面了。

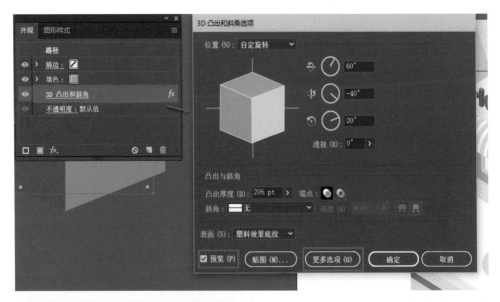

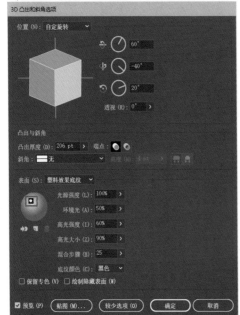

那如果房子的长需要调整，有没有办法呢？注意厚度是从底下往上生长的，通过厚度调整，那它的长应该怎么长出来呢？这是由矩形来决定的。例如把它拉长点，立方体往纵向变化，那换个方向来

试一下，发现它变长了。反复调整，直到觉得满意为止。

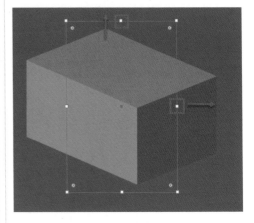

接下来做遮雨的棚子。这个棚也是由一个面生长出来的，这个面长什么样呢？看上去应该是一个四分之一的圆，也就是说首先要画一个圆。找到椭圆工具，按住 Shift 键画一个圆。画完一个圆以后先给它一个默认的填充颜色。那怎么得到四分之一圆呢？可以再画一个矩形，从圆的外围往里面划，划到中点，这时候相交的地方就是四分之一个圆。

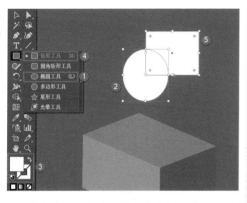

选中两个圆形，打开路径查找器面板，进行相

交运算，然后就得到需要的四分之一圆了。

再将四分之一圆进行旋转，然后选择这个物体，打开效果菜单，单击 3D 凸出和斜角命令。此时更多选项就不需要了，因为光线保持一致就行了。勾选预览复选框后就得到了这样一个带厚度的四分之一圆柱体。

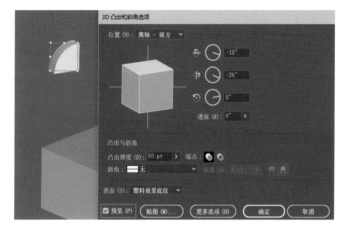

但是它的参数跟这个长方体能吻合吗？肯定是不能的。长方体设置了一个角度，而这个四分之一圆柱体是随机默认的一个角度，所以肯定是不吻合的。那怎么才能做到统一呢？首先单击之前的长方体看一下参数值是60°、-40°、20°。回到四分之一的圆柱体，也打开3D凸出和斜角选项对话框，把刚才的参数值输入。接下来请注意，直接拖动这个边，把图中所示的棱角拖过来，大体上朝着右就行了。

那这不还是一个随机的角度吗？不，将参数值整数化的好处在这里就体现出来了。现在按照刚才说的整数化进行调整，就会发现四分之一圆柱和立方体是正好吻合的。

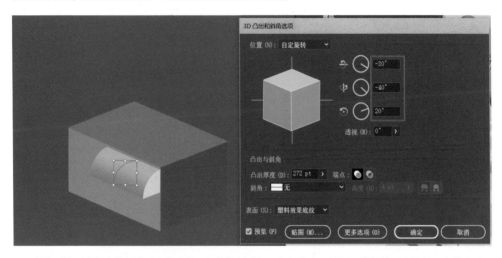

操作到这里有没有发现，对齐角度是一门很深的学问。如果靠自己微调，觉得差不多就行，这样准吗？一定不准。为什么通过这种整数化的方法去调整就一定是正好平齐的呢？原因非常简单。在给不同对象进行平齐或是垂直90°设定操作时，可以根据不同对象的方向确定它们之间夹角。设定平齐时，两个对象的角度值相同即可，即夹角为0；设置垂直时，夹角为90°即可。通过观察进行微调肯定不会特别准确，只有通过这种整数值的设定才能得到最准确的角度值。

现在解决了角度问题，还有一个非常关键的问题就是长度如何去匹配呢？请读者想想挤出来的厚度是不是一个数据？这个厚度要跟谁去匹配呢？可以看一下矩形的属性，它是有宽和高的。

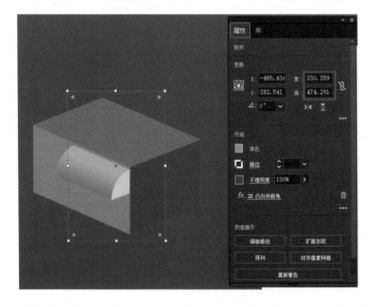

先试一下，复制宽，然后单击四分之一圆柱体，打开外观面板，单击 3D 凸出和斜角选项，打开 3D 凸出和斜角选项面板，输入凸出厚度，可以看到明显短了一大截。

再次找到这个矩形的高并复制，更改四分之一圆柱体的凸出厚度。接下来预览一下，发现完全吻合了，无论是角度还是长度都是对齐的。

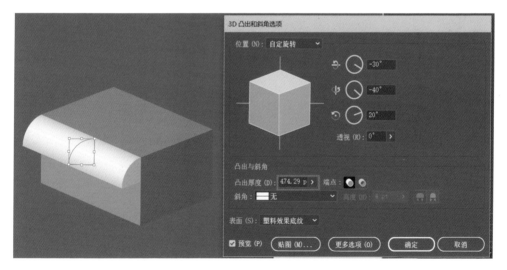

到现在是不是所有的难题就解决了？远远还没有。可以发现这个遮阳棚上面还有条纹。有很多读者认为这个条纹就是用钢笔工具绘制的，但是怎么画这个弧度能一致呢？如果说画好了再复制，那这个曲线能够和遮阳棚的弧面一致吗？画出来的这些线条能够正好整除吗？这都是非常难做到的。下一节会介绍如何解决这些问题。

本节复习要点

1. 效果—3D—凸出和斜角—预览。

2. 旋转选择物体的厚度生长方向。

3. 通过对数值整数化处理来对齐角度。

4. 展开更多选项调整物体的受光面。

5.2 3D 贴图

本节将学习如何在 3D 物体的表面贴图，并解决吻合度和弧面一致的问题。

本节知识点

◆ 如何给 3D 物体贴图。

◆ 如何调整贴图的方向和大小。

　　首先设置遮阳棚的颜色，这里直接用吸管工具吸取参考图上的蓝色。然后绘制条纹，不用画弧线，直接画矩形就行了，它会自动地吻合在弧面上。画完矩形怎么贴上去呢？此时需要用到 3D 贴图命令，通过符号面板去调取。也就是说接下来画好条纹，存储在符号面板，然后通过 3D 贴图调取这个符号就可以了。首先来绘制一个矩形。条纹会自动去吻合，所以不用特别在意矩形的宽、高。绘制好一个矩形，设置颜色为白色，然后按住 Alt 键和鼠标左键拖动复制一个。然后用吸管工具吸取浅蓝色。放置好两个矩形以后再按住 Alt 键和鼠标左键拖动复制一个。

复制以后可以单击对象菜单中的再次变换命令
多复制几次。

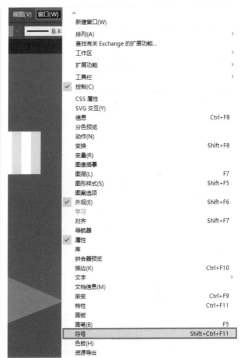

根据之前的要求，需要把它定义到符号里面去
才能使用。单击打开窗口菜单，单击符号命令，打
开符合面板。

把这组矩形选中，直接拖进符号面板，并给它起名叫"遮阳棚"。

那怎么调取和使用呢？这时就需要使用在上节讲的外观面板。选中需要修改遮阳棚的地方，单击打开
3D 凸出和斜角选项对话框，预览复选框一定要勾选，然后单击贴图按钮。

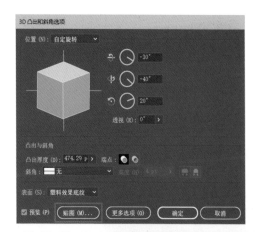

通过观察可见，这个遮阳棚是由5个面组成的。那怎么确定操作面呢？单击下一个表面的切换按钮，可以发现当前被选择的面会有高光显示。

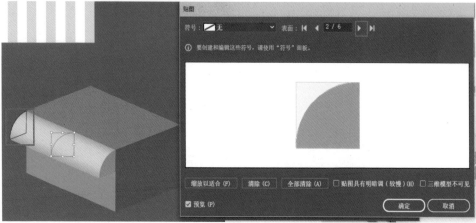

　　找到需要的面，然后在符号下拉菜单里选择需要的符号——遮阳棚。选完以后有没有觉得怪怪的？好像它的角度不对，要旋转90°。在对话框里可以直接拖动旋转，为了保证以90°旋转，可以按住 Shift 键。

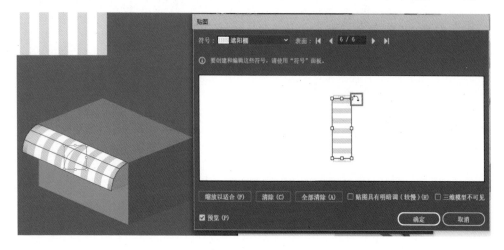

现在的高和宽也不大对，需要拉宽。在左下角有一个缩放以适合按钮，单击它可以缩放符号以适合当前这个表面的大小。单击看一下效果，有没有觉得很奇怪？它好像又旋转回去了。

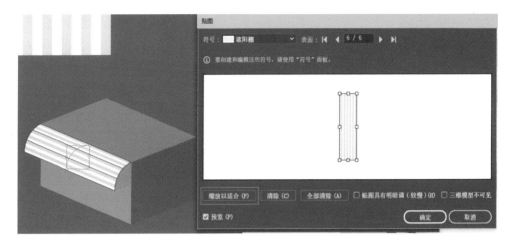

如果单击缩放以适合按钮，它会按照默认定义的图形方向进行贴图。所以旋转后就没有办法缩放以适合。也就是如果要缩放以适合就不能旋转，这怎么解决？让我们想想是怎么定义这个图形的。是不是横着画的？如果这个图形提前旋转90°再定义到符号里面，那会发生什么事情呢？找到要定义的图形，并把它转90°。然后再找到符号面板把它拖进去，给它起名叫"遮阳棚 2 号"。

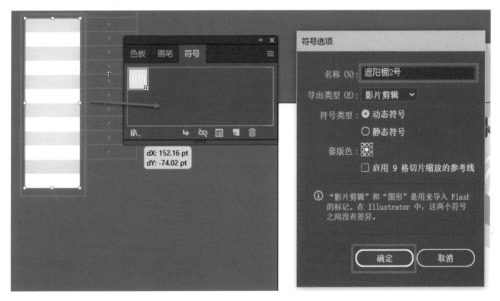

然后按刚才的贴图方法，将符号修改为遮阳棚2号，直接单击缩放以适合按钮，看看效果是不是严丝合缝。

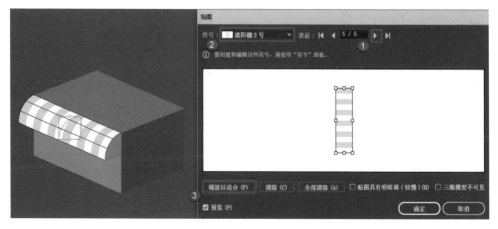

单击确定按钮，来看一下跟原稿对比这个遮阳棚的条纹是不是很好地贴上去了？到这里，关于 3D 特效的一些主要命令和用法就已经全部都介绍完了。

接下来看一下这个画面有哪些地方是使用 3D 特效做的，哪些是用其他的方法来生成的。看下这个房子。这个房子的盖子也是从底下往上生长的，先画一个矩形填充成淡黄色，然后用 3D 特效让它往上生长。

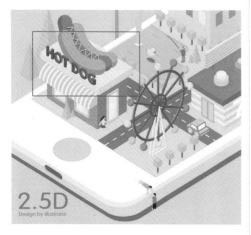

还记得那组参数吗？60°、–40°、20°。如果是像遮阳棚这样往一个方向生长的，就去找到遮阳棚的参数，然后应用这套参数。来看一下这个大字"HOT DOG"。文字也是对象，将文字朝着一个方向生长出厚度，就能生成立体的字。

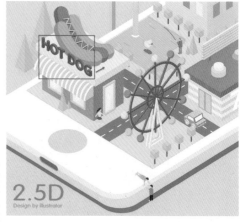

再看摩天轮，它是跟哪个对象的生长方向一致的？首先要把它基础的形状画出来，画完以后发现是跟遮阳篷的生长方向是一样的。再来看一下门。门框就是先画一个矩形，再画一个小矩形，做成镂空就可以了，然后再跟着遮阳棚的方向生长出来。中间镂空的地方缺了点东西怎么办呢？可以在中间再画一个四边形，填充浅蓝色即可。

这个画面难道全部都是用这种方法做的吗？不是。例如小人，它明显是一个薄片，不是 3D 立体的。

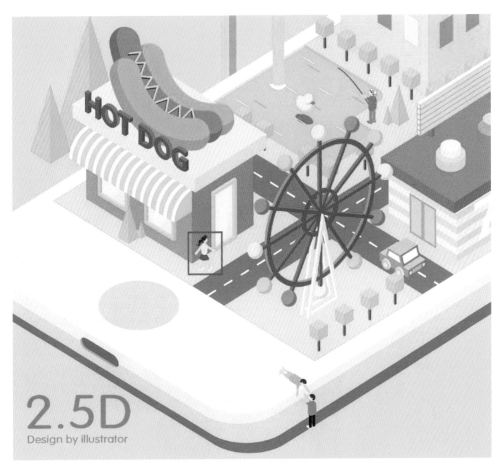

　　像这样的一个对象就是用钢笔工具画出来的。还有这些像金字塔一样的元素，看起来是立体的，它们是不是3D特效做的呢？不是。3D特效就是让图形长出一个厚度来。这个物体下面是方的，上面是尖的，怎么生长呢？像这样的元素可以直接用钢笔工具绘制，然后给它填充颜色就可以了。

　　希望读者灵活地使用各种各样的绘图技巧和方法，制作出一整幅的2.5D插画作品。下一章介绍Illustrator里文字的属性和相关的衍生用法。

本节复习要点

　　自定义贴图的流程：

　　（1）将贴图的图案定义为符号。

　　（2）单击打开窗口菜单，单击外观命令，打开外观面板，在其中的3D凸出和斜角选项中设置贴图。

　　（3）调整贴图的方向和大小。

第 6 章
文字处理

　　几乎所有的图形软件都具备文字录入和编辑功能，而对于侧重平面设计的 AI 来说，其文字编辑和排版功能是非常强大的。本章将介绍文字设定、编辑和排版的相关知识与技巧。

6.1 文字的基本属性

本节介绍 AI 中的文字应用技巧。

本节知识点

◆ 文字的大小和字体。

◆ 文字的颜色和间距。

◆ 文字的基线和下划线。

◆ 如何保证文件在其他计算机上打开后不会丢失字体。

先介绍文字基本属性的设置。如何设定这些参数呢？需要通过字符面板来进行。单击打开窗口菜单，选择文字子菜单，可以发现有一个字符命令，单击此命令可以打开字符面板。

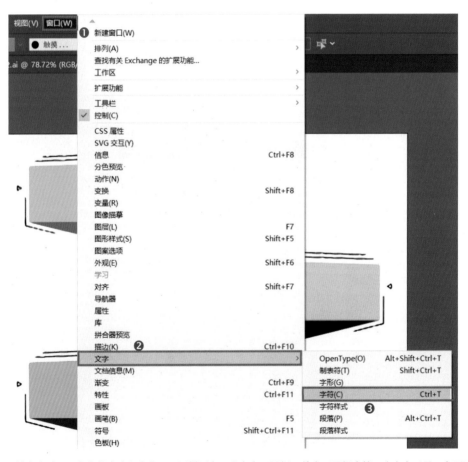

首先来看一下文字的大小和字体。工具栏里有一个文字工具组，单击工具组中第一个文字工具，在画面中任意位置单击就可以输入文本，如输入"1. 文字大小和字体"。输入完以后在工具栏中单击小黑，随便点一下空白的地方就表示输入完成。然后可以把文本放置到一个合适的位置。

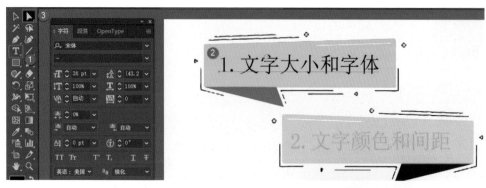

接下来设置文字的大小和字体，设置方法跟其他软件（如 Word）是一样的。打开字符面板，把它的所有属性全都展开。如果面板是缩小的，在面板名称前面有个小三角形按钮，单击就可以展开面板。至于想要把这个字符面板控制到多大，读者根据平时的工作需求去设置就可以了。

接下来选择文字，找到设置字体大小的属性。改成 36pt，这个大小对于这个文本框就比较合适。字体在第一个下拉菜单里面，这里有各种各样的字体的选项，可以直接选择使用。注意，如果输入的文字是中文，那么最好选择中文字体使用，因为有的英文字体中没有中文设置，效果无法预料。

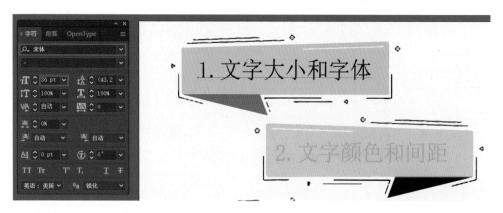

文字颜色还有间距又怎么去调整呢？文字的颜色设置跟对象是一样的。注意文字在这里就跟平时绘制的图形是一样的概念，只不过它包含了文字字体、字号这样一些特殊的属性。像颜色跟普通的对象没有区别，可以直接设定颜色。在工具栏里面双击填色工具，然后选择一个喜欢的颜色，例如湖蓝色，单击确定按钮，即可。

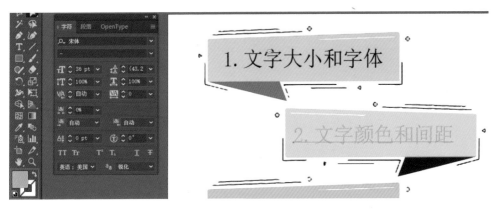

　　调整间距需要选择文字工具，把需要设定间距的文字全部选中，此时可以看到 VA 图标。鼠标指针停在这里会有解释：设置所选字符的字距调整。现在知道为什么要选中文字了吗？因为有可能只需要调整某些字的间距。例如把"文字颜色"选中，然后更改字符间距参数值为 –100，就可以发现这几个字挨得非常紧，而另一边的字的间距是比较松的。以上就是关于文字的颜色还有间距的修改方法。

　　接下来介绍文字的基线。我们有时候划重点会使用这种下划线，那这样的效果怎么实现呢？首先输入文字，会发现这个字符跟在 AI 里面绘制图形完全是一样的，它依然能够延用之前设置的属性。如果希望只对其中某些文字进行下划线的设定，就先把它框选中，然后找到字符面板，在展开的地方找到下划线和删除线。下划线就是在文字下面加一条横线，删除线就是在文字上加线，表示把它删掉。

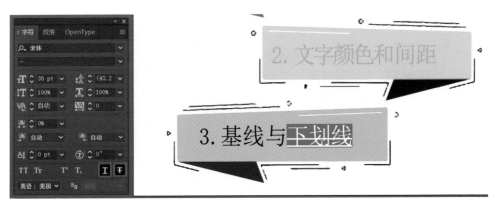

那么，基线又是什么呢？基线起到对齐文字的作用。默认情况下，不需要调整基线，它就是对齐的。如果将 3 这个数字字号改大一点，可以发现超出的部分在其他文字上面，说明文字的基线都在字符的下面。默认情况下参照基线对齐，所以这个 3 还有这几个文字都是下对齐的。

有的时候我们希望无论字是大还是小，都是居中对齐的，应该怎么办？这个时候就可以去调整这个数字 3 的基线位置了。首先选中数字 3，然后找到基线。它的图标也非常有意思，有一个字母要往上走。基线应用非常广泛，例如 x 的平方，2 要在 x 的右上角，这需要通过改变基线去实现。那么基线的值应该设置正值还是负值呢？可以先设成正值试一试，，正值如果不合适，马上把它改成负值。现在不知道方向，那就改成正值试一下，发现它在往上走，那就立刻给它一个负值。可以发现改变基线让数字相对来说下沉了。一直调节至居中对齐为止。所以无论文字大小都可以通过改变基线的位置来实现居中对齐。

关于文字的基本属性设置就先讲到这里。AI 的文字属性跟其他的软件都一样（如 Word），这些属性完全是一致的。接下来的其他参数读者也可以自己去测试一下，设置了以后看一下是什么效果。

有时打开文件会弹出一个对话框，提示缺少字体。这是为什么呢？因为制作者在其他计算机上做好这个文件以后可能用到了某一款字体，然后把这个文件发给客户或者其他人，但接收方的计算机里可能没有安装这种字体，所以会弹出对话框提示字体缺失。那这个时候怎么办呢？其实可以发现系统用默认的字体将缺失的字体替换了。用默认字体替换了以后，设计的效果就完全改变了，必须杜绝这种情况发生。

这里介绍一种方法，把文字选中以后，单击打开文字菜单，单击创建轮廓命令。

执行该命令后，通过观察可见，文字变成了有轮廓的路径对象，上面有了锚点。

接下来甚至可以编辑锚点来做字体的设计。转成这样的路径以后，它就不再是字体了，是一个图形，这样发给任何一个人看都不存在字体缺失的问题了。

本节复习要点

1.字符面板的使用方法。

2.中文文本选择中文字体，英文文本选择英文字体。

3.可以单独选中部分文字和段落来调整文字属性。

4.可以通过调整基线对齐不同大小的文字。

6.2　路径文字与区域文字

本节介绍关于文字的一些特殊用法，还有段落属性的设置方法。

本节知识点

◆　文字如何沿特殊路径排列。

◆　文字的特殊用法以及段落特殊属性的设置方法。

◆　如何在特殊区域内创建段落文字。

首先来看怎么让文字沿着路径进行排布。单击钢笔工具，把路径沿着鸟的轮廓勾勒出来，可以不用勾得太细，只要走势是这样的方向就可以了。操作完以后，把填充改成描边，这样就可以得到一个路径。也可以用平滑工具把它稍微平滑一下，因为刚才是一小段一小段画的，所以整个路径看起来并不是很平滑。

先将文本复制到剪贴板中，然后单击路径文字工具，将鼠标指针放到路径上，有提示找到了一条路径，单击路径，把刚才复制的文字粘贴过来。

粘贴完了以后单击小黑，注意，如果选其他工具那将不可编辑。有的时候粘贴出来文字是沿着路径反方向排列的，怎么调整呢？单击小黑，找到路径的中间有一条比较长的线，用鼠标左键按住这条线往旁边拖动就可以把它的方向校正过来。

文字结束的地方有一个红色的加号，这表示文字放不下了。可以把文字的字号稍微调小，或者把字符间距缩小一些，让文字能够放得下。先调整大小，将大小调成13pt时发现少了一点，调到14pt它又多出来一点。这个时候怎么办呢？这时候就可以调整字符间距。如果调整了文字大小和字符间距仍然无法得到满意的效果，可以试试段落对齐的方法。打开段落面板。默认情况下第一个选项叫做左对齐。

单击段落面板第一行最后一个选项全部两端对齐，发现左边和右边全都是对齐的。但是中间这个地方为什么这么奇怪呢？这是因为这个地方有一个空格，对于空格来说，强制对齐它会把这个地方拉伸出一个间距。如果这里不需要有任何的分隔符号，那就直接把它删掉就行了。

下面给对话的气泡中输入文字内容。在Word中复制一段文字，然后切换回来，注意不要用文字工具直接单击。为什么不要这样呢？可以来试一下。单击了以后直接粘贴进去，可以发现粘贴的文字是横着整排排列的，但是我们希望它是一个段落区域，符合对话气泡的形状。

这个时候其实可以这样输入。选择文字工具后，在气泡内按住鼠标左键，拖出一个文本框，这个时候再松手。读者会发现文本框中出现了一些占位的文字。不用管它，把刚才复制的文字粘贴进来。这个时候默认使用的是刚才的全部两端对齐，而对于段落区域的文本来说其实不需要这样，一般这种情况下会选择居中对齐。居中对齐以后发现文字看起来不大清晰。这是因为在深色的背景下用了黑色文字，所以需要把文字颜色改一下，选择亮色就看得比较清楚了。标题字应该稍微大一点，就将标题字的大小改为8pt。到这一步以后，有没有觉得它们挨得比较紧？这是因为没有调整行距。双击文字，打开字符面板，在这设置行距。为了得到更好的效果，加大行距，让文字排得比较满。

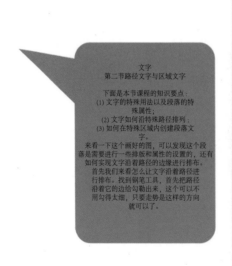

通过这样简单的操作，段落就轻松地被放置到对话框里了。有时候还会有一些特殊的情况。例如对话框不是比较方正的形状，而是一个比较奇怪的形状，那又怎么办呢？这个时候可以右键单击文字工具，然后在工具列表中单击区域文字工具。选择区域路径并单击，同样出现默认的占位字符，不要去管它。这个时候就会发现，文本放进来后，原有的图形就没了。

那应该怎么办呢？此时需要把这个图形提前复制一份，复制了以后粘贴在前面，这样就有两个图形，其中一个用来放文本，另外一个继续保留它的形状。当再次选择文字并复制，然后使用区域文字工具单击路径并粘贴进来后，就可以发现底图还是继续存在的。

当然也需要修改一下文字的基本属性。设定颜色为白色，然后把字的间距调整一下。最后全选文字，对大小、行距、对齐都进行修改。

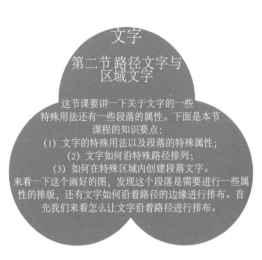

可以看到有些地方的文字贴边了，这样也不大好看，又怎么办呢？非常简单。选择底下这个图形，单击对象菜单中的偏移路径命令，给它做偏移。

在偏移路径对话框中勾选预览复选框，并给一个数值，例如10pt。

单击确定按钮以后，为什么没有发生改变呢？错误的原因非常简单。还记得之前讲过的通过图层去看结构吗？现在就去看一下。找一下图层，看看到底在操作哪个对象。在这儿看见这个就是刚才的区域文字，而它是没有边的，无法扩大，所以是对象选错了。

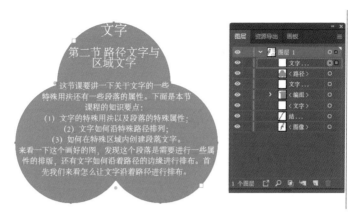

　　单击下面这个路径，这个路径才是需要进行偏移的。单击小圆点把它选中，然后打开对象菜单，选择路径子菜单，单击偏移路径命令，还是定义 10pt 的位移，可以发现周边就稍微大了一点。如果觉得不够的话，可以继续加大位移的参数值，例如 16pt。

　　这样就把文本就放到一个不规则的形状里面了。

　　本节中介绍了文字还有段落的相关属性，包括路径排布还有区域排布这些属性，读者应该已经全面了解了。

本节复习要点

　　1.路径文字编辑流程：

　　（1）用钢笔工具绘制想要的路径；

　　（2）复制文字内容，找到路径，沿路径粘贴文字；

　　（3）调整文字的大小和字距；

　　（4）对齐模式选择两端对齐。

　　2.区域文字的编辑流程：

　　（1）单击区域文字工具，按住鼠标左键拖动拉出一个文本框；

　　（2）复制粘贴文字，调整文字段落属性。

第 7 章

图层样式与外观

本章介绍外观面板的功能与使用技巧。外观面板中有填充属性、描边属性和其他很多属性，这些属性通通都可以在外观面板中进行编排和整理。

本章知识要点

◆ 外观面板的使用方法。

◆ 如何添加新描边和新填充。

◆ 如何存储、套用图形样式。

如果要做下图这样的路牌，上面写了"Illustrator"，后面再插根杆就是一个真正的路牌了。

如果这个路牌要做很多个怎么办呢？很多读者是这么做的：先打好一个单词，再给它加投影，然后再画一个圆角矩形，填充成渐变，再画一个小一点的圆角矩形加白描边，最后把这些对象打成一个组。

但其实在这里没有必要做这样复杂的操作，只需要打一个单词，剩下的全部都通过外观面板来编排得到。如果不相信的话可以看一下图层，把箭头点开，发现这只有一个路径。那接下来教读者们怎么去把它生成。

选择文字工具，输入"Illustrator"。然后把它稍微放大一点，这样看得比较清楚。然后打开窗口菜单，单击外观命令，打开外观面板，会发现这个外观面板上只记录了一条信息，就是我们输入的文字。

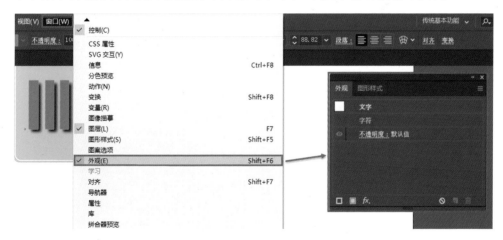

选择这个单词，给它设置粗一点的英文黑体 Bold Black。那怎么将它设置成白色，并且还要加投影？单击外观面板右上角的扩展菜单按钮，这里有两个非常关键的命令。新填色和添加新描边。现在是要填色还是要描边一定要先搞清楚。读者想要跟参考文字一样的填充颜色，那就新建一个填色。单击添加新填色按钮，默认是黑色，这里拉选择白色，但是白色不容易看见，因为背景就是白色的。

所以还需要给它添加一个投影效果。打开效果菜单，选择风格化子菜单，单击投影命令，给文字添加投影。

投影的参数可以自己调整，如果不想让它这么模糊，就把模糊的参数值调整一下，x 轴和 y 轴的位移参数值也可以调整一点，勾选预览复选框。

得到这个效果以后，看一下外观面板有什么变化。可以发现刚添加了一个新的填色，并且给它加了投影效果。那这个底稿的圆板是怎么出来的呢？仔细看一下，是一个填充了渐变色的圆角矩形。单击添加新填色命令，这个新填色不要是单色的白，点开下拉列表看一下有没有渐变的选项？有的，系统默认就有一些渐变。例如线性渐变，默认是白到黑的过渡。

但是这里并不想要白到黑的过渡效果，想要的是草绿色到暗绿色的过渡。下面编辑渐变，单击窗口菜单中的渐变命令，打开渐变面板，选择左边这个色标。

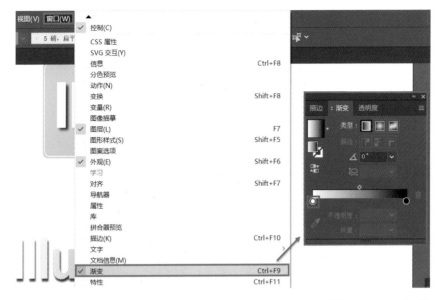

用吸管工具吸取原图的颜色，会发现吸不过来，因为它是通过外观特效生成的。那是不是还有别的方法？有的。双击色标，就可以展开一个颜色面板，然后选择 HSB 选项。右边这个色标也同样双击更改为 HSB 选项，选一个暗一点的绿色。

调完以后发现只有文字，没有牌子。这个牌子需要通过特效加上去，让文字的渐变变成一个圆角矩形。那这个命令在哪呢？首先一定要确保选中了这个填色，然后打开效果菜单，选择转换为形状子菜单，单击圆角矩形命令。

勾选预览复选框，刚才的这个文字就已经变成了一个圆角矩形的形状了，它的变化原理是给文字增加额外的高度和宽度。所以以后无论做什么样的字，它都是根据字的大小额外往外增加宽和高，这样的操作是非常的便捷的。

可单击确定按钮以后字看不见了，这个字到哪里去了呢？仔细看外观面板，因为填色的渐变色在这把下面白色挡住了。将白色往上拖，调一个次序，就会发现文字又可见了，文字投影还有底下的牌子渐变也都可见了。

点。那也就是说能不能来一个新的描边呢？可以。外观面板刚才展示了，可以添加新填色，也可以添加新描边。打开扩展菜单，单击添加新描边命令。

默认的还是以文字的外观出现。原始形状是什么样的，每次新填色、新描边就是原始的形状。将颜色改成白色，读者们看不见是可以理解的，因为它跟文字颜色是完全一样的。接下来打开效果菜单，选择转换为形状子菜单，单击圆角矩形命令，把它改成圆角矩形，现在预览会发现依然看不见，因为

可笔者觉得还不大好看，笔者还希望能做出像参考图那样的白色描边，比刚才那个牌子稍微小一

它跟刚才的圆角矩形的大小是一样的，而背景又是白的。那是不是可以把额外的宽度和高度的值改小一点？改成图中的参数值，改完之后描边已经出现了。然后单击确定按钮，是不是整个文字各种各样的外观属性的特效就已经添加上去了？

当我们制作这个案例时，并不是绘制若干个圆角矩形，一个填色一个描边，然后再加投影，这样太麻烦了。那如果再换一个单词呢？例如"Photoshop"，输入好了以后同样换成比较粗的字体。那这个特效怎么实现？这就需要在窗口菜单中单击图形样式命令，打开图层样式面板。

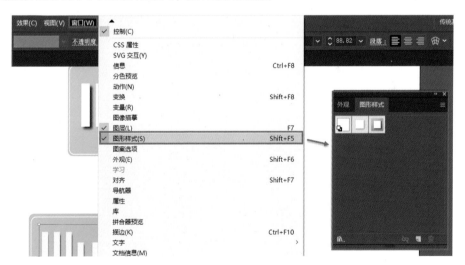

这个样式面板干什么用的呢？现在给它下一个定义：用来储存外观面板上所有的特效，包括之前讲的3D特效，全部都可以存下来，无论做了什么样的操作。单击做好的 Illustrator 路牌，把它拖到图形样式面板上。

怎么使用这个样式呢？那就更简单了。选中要操作的文字，然后单击这个图形样式，会发现马上就生成了第二块牌子。

如果有若干个文字，或者若干个图形，都想生成同样的效果，只要提前在外观面板上编排好图形样式，再存储到图形样式面板中，就可以直接在其他图形上使用了。

本节复习要点

图形样式的制作流程：

（1）输入文字，打开外观面板；

（2）添加需要的新描边、新填色，调整对应属性及图层顺序；

（3）存储做好的文字的图形样式到图形样式面板中，套用其他文字上。

第 8 章

AI 的图像操控

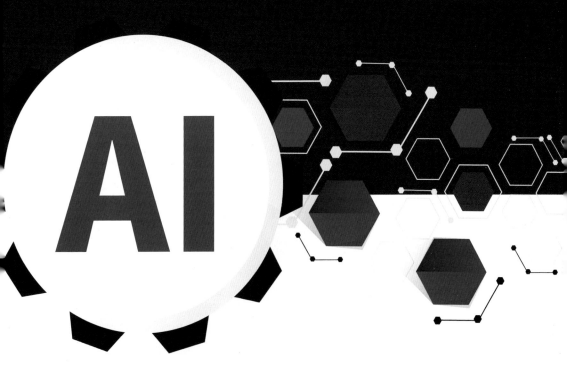

　　在使用 AI 操作矢量图时，或多或少都会置入一些像素图来辅助操作。本章将介绍在 AI 中进行矢量图形操作时，如何置入和处理外部图像，并介绍将外部嵌入的像素图转为矢量图的技巧。

8.1 图像的链接与嵌入

本节介绍图像的链接与嵌入的方法。

本节知识点

◆ 了解 AI 中链接、嵌入素材的区别。

现在打开这样一张图像，很明显中间的这张照片是像素图。用 AI 矢量插画的形式画这样一个非常写实的照片是不大可能的，所以它是从外部置入的。现在演示置入图像时候应该如何操作，以及置入后要如何管理，先将中间的像素图删掉。

如果只是把一张图片导入是非常方便地，只需要执行一个命令。打开文件菜单，单击置入命令，然后选择这张图片，单击置入按钮就可以了。

这个时候将会出现一个置入图标，它是什么意思呢？操作者可以通过按住鼠标左键拖出一个区域来设置置入的这张图像的大小。

如果想 1:1 置入进来，不用放大也不用缩小（因为像素图放大缩小是有损失的），在单击置入按钮

以后直接在空白处单击，那它就是以 1:1 的大小置入进来的。然后把它放置在合适的位置。有没有发现每次选中图像的时候都有一组对角线出现，这是什么意思呢？

看一下图层面板，在这个面板里发现这个图像叫"链接的文件"。

所谓链接的文件，就是指图片仍然保存在软件之外，软件内通过一个链接来连接外部文件。下面通过一个操作来介绍这种链接存在的问题。例如单击文件菜单中的存储为命令，然后可将图像保存在某个文件夹下。读者请考虑一下，这个足球是通过一个链接指向的方法从 AI 文档指向这张图片，如果这张图片被不小心删掉了呢？那么现在再打开这个文档，它还会指向这张图吗？此时不妨试一下，双击该图片，发现弹出了警告对话框，提示无法找到链接的文件"足球 1.jpg"。

为什么呢？因为这张图片已经不在原来的地方了。不知道出了什么情况，有可能是重命名，有可能是移动到别的文件夹，当然也有可能是删掉了，这些原因都会导致这个图片再也找不着。那在编辑文件的时候如果出现这种情况是不是特别的不方便？它会询问要不要替换这张图片，还有一个选项是忽略这个问题，忽略是不是就能打开这个图片了呢？当然不可能。

那如何解决这个问题呢？还是找到文件夹，把刚才的图片恢复一下。恢复以后再去把文件关闭。再去找到文件夹，把这个文件再次打开，这个时候就会发现不会再弹出错误的对话框。那如果要置入很多图片是不是要把所有图片全部都放在一个文件夹，还要打一个包发给客户？这多麻烦。有一个办法：选择这张图片，找到属性面板，这里有个嵌入按钮。

从名字上是不是已经猜到它有什么作用了？嵌入是指不再通过外部链接的形式，而是直接把这个图片嵌到 AI 的文件里面。将图片嵌入文件后，即使把原始图片删掉，也不会影响 AI 文件中的图片，很完美地解决了这个问题。有读者心里可能会想：所有的文件一打开就直接放进来不就好了，为什么要手动嵌入呢？这是因为一旦将图片嵌入到这个文件并保存下来，这个文件所占空间就会变大。它本来是不放一张像素图而是链接，链接是非常简单的事情。嵌入的形式导致文件变大，指向链接的形式很有可能会产生丢失，那至于这之间如何取舍，需要根据实际情况来决定。

操作到这里以后，可能有读者觉得那就全部都嵌入，链接没有太大的好处。并不是这样的。链接除了刚才所说的文件小的好处以外，还有一个特别优秀的地方。可以这样去想，这一张图是像素图，AI 是几乎没有办法处理像素图的，所以一旦要对它进行调色、编辑、变换等操作的时候，唯一的方法就是将嵌入的图片删掉，再重新找到它的原始文件，很有可能已经找不着了，就算找到了，也还要打开 PS 编辑保存设置，再重置置入进来，重新嵌入，特别麻烦。如果是链接的文件可以怎么办呢？接下来给读者演示一下。把它删掉重新置入。放好了以后，如何利用原稿编辑的方式随时调用 PS 这样的软件来对它进行编辑。启动 PS 然后打开足球这张照片。在这里笔者就不做过多操作，直接简单一点给它反向，只要能看见效果就行了。然后把 PS 中的这张图片保存。再切换到 AI 来看下会发生什么事情。切换过来就会发现 AI 已经识别到了，提示说链接的这张图片修改了是否需要更新？

这不就是笔者需要的吗？图片处理完以后其他事情一概不需要操作，AI 会自动判断图片已经更改了，然后只要单击是按钮图片就更新过来了。

那这个时候如果是嵌入的图片就不再具备这样的一个优势了。

本节复习要点

1. 素材链接模式。将素材源文件链接至 AI 文件进行编辑，素材可通过 PS 随时进行更改，但要注意一旦素材丢失将影响 AI 中文件的编辑。

2. 素材嵌入模式。可以将素材文件嵌入 AI 文件当中，原素材丢失或修改不影响 AI 中文件的编辑。

8.2 像素图转矢量图

本节介绍如何把像素图转换成矢量图。

本节知识点

◆ 如何将像素图转为矢量图。

新建一个文件，打开文件菜单，单击置入命令，把需要转换的像素图置入进来。使用缩放工具，单击放大，能看见像素块，而且整个画面也变得非常模糊。

选中这张图片，打开属性面板，在这里有一个非常关键的图像描摹按钮。单击该按钮会发现有几个选项，这些选项是什么意思呢？不妨先选择默认选项来看一下。

可以发现默认就是把画面变成黑白效果，它的变化的原理是什么呢？变化的原理需要单击预设后面的按钮，打开图像描摹面板来进行观察。

图像描摹面板中有一些关键的属性，在这里会发现默认就是变成黑白图。这里有个特别重要的属性，包括以后变彩色图也会用到的，就是阈值。

阈值的默认参数值是 128，即当前模式下，原始画面当中像素点的亮度信息超过 128 的通通变白，低于 128 的通通变黑。所以呈现出来的是黑白效果。那如果不想要黑白的，想要彩色的效果怎么办？在模式的下拉列表里面有彩色选项，选择此选项后就会发现画面变成下图这样的效果了。

但是五官好像有点看不清楚。这有一个颜色滑块，读者可以进行调整，每次调整完以后 AI 会重新进行定义和计算。

在调整参数值时，画面过一小段时间才会更新，算出一个新的结果来。把颜色加到最大，会发现还是没有五官。不用担心，在这还有一个高级选项。在高级选项里面有一个非常关键的属性，它叫"杂色"。把杂色的参数值调小，有没有发现人物脸上已经有些五官了。

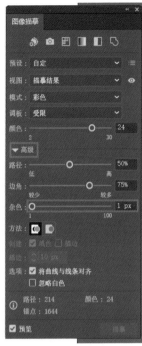

这样的效果还不错，不过这些参数值到底是什么意思？要依据什么原理去调整呢？这里不再进行详细的介绍，因为像素图是非常丰富的，它是由一个一个像素点构成，每个点的颜色、饱和度、色调可能都是不一样的，所以整个画面的情况会非常复杂。而这些参数值基本上就是针对不同颜色、不同变化去做相应调整。只要去修改这些参数值，然后测试一下哪个值针对这张画面能得到好的效果，那就可以了。

现在单击这个图，按理说它已经从像素图转成了矢量图了。但是用小白去选锚点，会发现一个锚点都选不中，这是为什么呢？之前讲过这个问题，就是如果它是一个整体的对象，是一个路径，但是整体的对象是没有办法单独被操控的，这个时候就要给它扩展。在这里的属性面板上也有一个扩展按钮。

单击扩展按钮，就会看见物体轮廓的路径已经全部都得到了。得到了这样的一些路径以后，需要对它进行小小的编排。例如它是一个整体，就可以把它取消编组，然后外围白色的框也可以删掉，因为这里只需要这些人物。

接下来重新塑造五官。把人物适当放大一点，会发现其眉毛还有眼睛其实都是很不好看的。因为像素图是方块，而圆球的眼睛周围会出现一些锯齿。

在扩展完了以后，像这样的脸部的细节应该把它去掉。那怎么去掉呢？可以通过路径查找器给它

们做加法，就全部都合并了，然后就可以将它们全部删除，再去单独绘制五官。

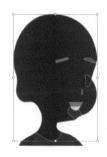

有时会发现画面上还有一些乱七八糟的点，这个点又怎么办呢？这是因为有些细碎的像素转换为矢量图后会留下细碎的路径。可以使用套索工具，直接把这些点套进去，然后按 Delete 键删除。

本节复习要点

1. 在选择像素图时尽量选择大面积纯色的图像，在转换为矢量图后可以得到比较好的效果。

2. 在将像素图转换为矢量图后，一定要进行细节的调整，以保证画面的美观与完整。

第 9 章
AI 印刷与兼容

　　平面设计最终的目的是应用，AI 作品设计完成之后，需要进行输出，可能发布到网络上展示，也可能需要进行印刷。

　　本章将介绍 AI 作品针对网络展示和印刷这两种场景的导出设定及操作。

9.1 导出 Web 所用格式

本节介绍 AI 内容导出的相关设置。

本节知识点

◆ 如何导出为 Web 所用格式。

打开了一个之前用过的文件，下面介绍如何把它导出到网络上使用。首先打开文件菜单，选择导出子菜单。这个时候会发现之前接触过的导出为…命令，而下面紧跟着一个存储为 Web 所用格式（旧版）命令。这是什么意思呢？ Web 指互联网，也就是说如果图片将来要在网络上使用，就单击这个命令。

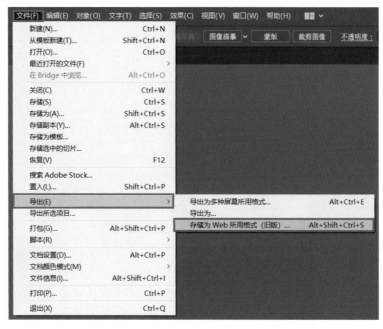

单击这个命令后会弹出存储为 Web 所用格式对话框，简单讲解一下这个对话框的内容及作用。首先，单击上方的原稿按钮，在左下角可以看到这个文件的大小是 1.91M。

那优化是什么意思呢？这里写了 GIF 29.46K。

也就是说，往网络上输出时，在图片在足够清晰的情况下，文件应尽可能压缩得比较小，现在通过原稿和优化的设置可以看见原来是 1.91M，现在优化设置为 GIF，文件压缩到 29.46K，已经比较小了。那有没有可能再进一步压缩呢？当然是可以的。这个面板的右边就是压缩相关的选项。可以看到格式是 GIF，损耗

0%，试着把损耗加大，可以看到即使损耗加大画面还是很清晰的，而且文件又变小了，所以这里的参数值可以自行调节，一边调节一边观察，在能够满足质量的前提下，尽量把它压缩得比较小。

读者可能会想，图片如果不是 GIF 格式呢？现在还有一种图片格式用得比较多，就是 JPEG，那 JPEG 压缩效果会不会更好呢？可以通过下拉列表来进行选择，找到 JPEG 选项。选择之后发现大小为 78.72K，比 GIF 大，这时就会发现，对于这幅图片，选择 GIF 格式相对更优。

如果图片大小的差距并不是很大，就需要再看看它们的质量。先选择 JPEG，再选择 GIF，两个图片来回地切换，如果看不出来差异，可以单击双联按钮。单击左边的图，选择 JPEG，然后单击右边的图，选择 GIF。这样就可以通过左右两个图像的对比来最终决定哪种格式是最优的选择。

有的时候是希望图像叠在透明的图像上面的，也就是说不需要这样的白底。那么这个时候就需要找到图层结构，把它的白底去掉。默认情况下，AI 会用白色补充所有的背景，如果希望看见透明网格的话，需要打开视图菜单，然后单击显示透明度网格命令（单击后会变成隐藏透明度网格命令），就会发现图片背景变成透明的了。

什么格式能够支持背景的透明效果呢？继续刚才的操作，在左图选择 GIF，发现它是支持透明的，右边这张图选择 JPEG，发现 JPEG 格式是不支持透明的。另外除了 GIF 能支持透明，PNG 也能支持。继续选择 GIF 和 PNG 进行对比，看一下哪一种格式既能支持透明，压缩比又非常好。

有些读者会注意到，PNG 里有 PNG-8 和 PNG-24，这是什么意思呢？PNG-8 是指支持纯粹的背景透明。这是什么意思？背景透明还有不纯粹的吗？是的，背景后面也有可能是半透明或者 70% 的透明，如果要支持这些透明效果，就需要用到 PNG-24 了。

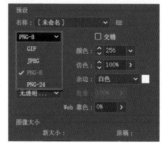

本节复习要点

1. 存储为 Web 所有格式的设置要点。

2. 设置为 GIF、JPEG、PNG-8、PNG-24 等不同格式的区别。

9.2 印刷导出图像

本节介绍 AI 导出到印刷格式的相关知识。

本节知识点

◆ 如何导出为印刷所用格式。

首先还是打开这个文件，然后在文件菜单中单击文档设置命令。

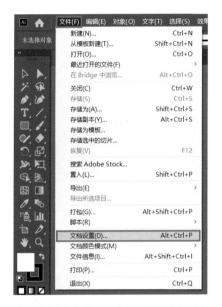

关于出血设置，在第1章中已经简单介绍过了，在这里再详细地讲解一下。

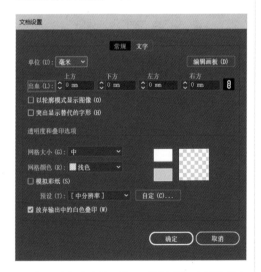

如果我们拿这张图去印刷厂印刷，印刷机的大小能正好跟这个图一样大吗？这是不现实的。

在现实中，纸张是一个尺寸，图是另外的尺寸。现在准备去印刷，在一张大的纸上已经把这张图印上去了，接下来会进行裁切，现在就来模拟裁切的过程。假设下图中左侧这条线就是切刀。

在用切刀进行裁切的时候，实际工艺（或者说设备）总是有误差的，在实际工作当中切刀的误差范围在 3mm 左右。因此我们在制作文件时会留 3mm 的出血。切刀如果往里面误差这么几毫米，切下去就没有白边，印刷出来这个物体四边裁得很好，就是彩色。如果这个裁切误差是往左边的，印刷品一旦出来就会发现它出现了露白边的现象。

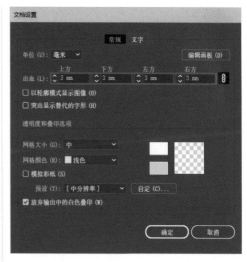

单击确定按钮之后发现图四周多了一个边框。

也就是说如果这个文件需要印刷的话，一定要注意设置出血线。

下面进行演示。单击文件菜单中的文档设置命令，打开文档设置对话框，在这里可以设置出血，给它设置为 3mm。可以发现默认是锁定的，每个边都是 3mm。

那在调整这张图的时候应该怎么办呢？应该把它放置在出血线的位置上，然后应该对齐 4 个边就可以了。

现在把这个文件交给印刷厂，印刷厂就知道这个图片的出血已经设置好了，那印刷好了裁切的时候就不会裁出白边。

可能有的读者心里还会犯嘀咕，假设这个文件

是 A4 大小，210mm×297mm，那现在这个画板的大小是 210mm，出血线是 3mm，最终文件的尺寸对吗？不用担心，如果画板是 210mm，并且设置了每一边的出血线，就是左边和右边都是 3mm，加在一起 6mm 的话，这个文件拿到印刷厂，一打开就会发现这就是 216mm。

如果碰到了之前讲过的多画板的页面，又怎么办？是全导出来？还是只导出第一段？或者只要求导出第二到第四页呢？首先打开多画板的文件，然后打开文件菜单，单击存储为命令。

这个时候一般会选择便携式文件格式，即 PDF。选择 PDF 以后会发现默认选择是全部，意思是有几个画板就会导出几个。那接下来还有个范围，意思是想导出其中几页就可以导出其中几页。如果想要 1、2 两个页面，输入"1-2"，然后单击保存按钮就可以了。

保存完了以后，AI 会弹出关于 PDF 的压缩选项，如果保存的文件有非常多的页面，里面图片也很多，那就要做简单的压缩。在这有个压缩选项卡，关于压缩的设置，这里就不详细讨论了，读者可以自己去设置，然后导出不同的文件看一下压缩比怎么样。

设置好以后，单击存储 PDF 按钮。存储完了以后，找到导出的文件，然后双击把它打开。可以发现确实是导出了 1、2 两个页面。由此可知，文件如果是多画板的，也可以轻松地导出全部画板，或者导出指定的某个或几个页面。

本节复习要点

1. 在打印作品前一定要设置出血，一般参数值为 3mm。

2. 如要导出多个画板，请在存储时选择具体要导出哪些画板。